扫码听声

心随画动

二十四节气里读懂中国

郑逸文 主编

中州古籍出版社
·郑州·

图书在版编目（CIP）数据

二十四节气里读懂中国 / 郑逸文主编. — 郑州：中州古籍出版社，2024. 10.（2025.7重印）—（中华文脉：从中原到中国 / 王战营主编）. — ISBN 978-7-5738-1472-2

Ⅰ．P462-49

中国国家版本馆CIP数据核字第2024BH7602号

ERSHISI JIEQI LI DUDONG ZHONGGUO
二十四节气里读懂中国

主　　编：	郑逸文
绘　者：	袁小真
出 版 人：	许绍山
策划编辑：	卢欣欣　高林如
责任编辑：	高林如
责任校对：	唐志辉
美术编辑：	曾晶晶
装帧设计：	樊　响

出 版 社：	中州古籍出版社
地　　址：	河南自贸试验区郑州片区（郑东）祥盛街27号6层
	邮政编码：450016　电话：0371-65723280
发行单位：	河南省新华书店发行集团有限公司
承印单位：	河南瑞之光印刷股份有限公司
开　　本：	890mm×1240mm　1/32
印　　张：	8.5
字　　数：	200千字
版　　次：	2024年10月第1版
印　　次：	2025年7月第2次印刷
定　　价：	68.00元

本书如有印装质量问题，请联系出版社调换。

《二十四节气里读懂中国》编辑委员会

主编　郑逸文

副主编　邵岭

编委　范昕　周敏娴

目 录

二十四节气里的中国智慧……01

春

立春：游鱼进冰……003
雨水：草木萌动……017
惊蛰：雷动风行……027
春分：花明柳暗……035
清明：细雨飞花……045
谷雨：雨生百谷……055

夏

立夏：万物并秀……069
小满：小得盈满……079
芒种：谷物之芒……089
夏至：十里荷香……099
小暑：温风俊至……109
大暑：萤火照空……117

秋

立秋：山容新净……129
处暑：凉风袅袅……139
白露：玉露生凉……149
秋分：平分秋色……159
寒露：天清菊黄……171
霜降：草木黄落……181

冬

立冬：万物收藏……193
小雪：一树金黄……203
大雪：烹雪煮茶……213
冬至：长夜无尽……223
小寒：大雁北归……233
大寒：穿越蛰伏……243

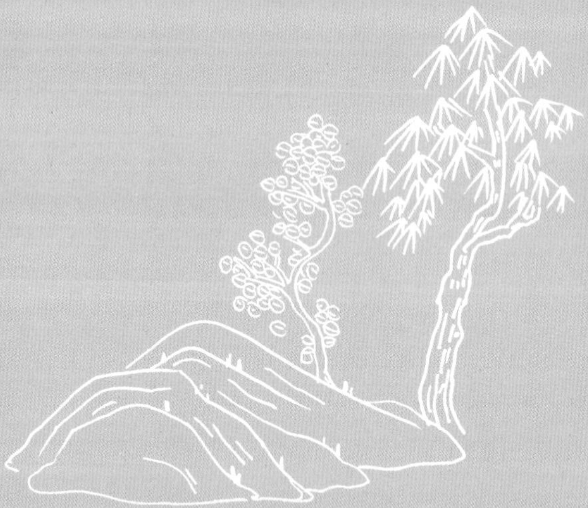

二十四节气里的中国智慧

文_毕旭玲

二十四节气是中国人通过观察太阳周年运动，形成的认知天象、物候、时令、自然变化规律的时间知识体系及其实践，被誉为中国的第五大发明。二十四节气处处体现了古老的中国智慧，既具有安排生产生活时序的功能，又可以用以防灾避疫、养生保健，还引导中国人形成了与自然和谐相处的文化理念，是中华优秀传统文化的重要组成部分，其价值无论如何估量都不为过。2006年，"农历二十四节气"经国务院批准被列入第一批国家级非物质文化遗产代表性项目名录；2016年，"二十四节气——中国人通过观察太阳周年运动而形成的时间知识体系及其实践"被联合国教科文组织列入人类非物质文化遗产代表作名录。

星空变幻与四季更迭

二十四节气起源于原始的天象观测，其历史可以追溯至史前社会。考古发掘成果表明，我国先民至少在新石器时代就已经大量进行天象观测，比如河南郑州大河村仰韶文化遗址（距今6800—3500年）出土的彩陶上绘有太阳纹、月亮纹、星座纹；又如江苏连云港将军崖新石器时代岩画上刻有星云、星象和太阳图案。在早期天象观测的基础上，先民还创作了以日月神话为代表的天体神话，比如《山海经》等早期文献中记录的羲和浴日与常羲浴月神话。

在很长时间内，先民通过观察星空的变化来感知四季的变换，他们总结出了诸如北斗星斗柄方向指示四季的知识。但后来先民发现通过星空的变化来掌握气候的变化过于粗疏，有时还会遇到许多难以解释的问题，因此他们把注意力集中到太阳上。先民发现，随着太阳的移动，物体的影子也会相应移动。根据这种现象，他们发明了一种最古老的天文仪器——圭表。圭是水平放置的一把尺，表是直立的一根标杆。圭表可以测量正午日影长度。通过统计正午日影长短的周期变化，先民最早确立了二十四节气中的夏至（日影最短）和冬至（日影最长）两个节气。他们还通过测量相邻两年的冬至时刻，确定了一个回归年的长度。

新石器时代中后期的先民可能就发明了立竿测影的方法，这是原始圭表，成语"立竿见影"就出自这种古老的天象观测。有神话认为圭表是尧帝时期的发明，尧帝曾命令官员观测天象，制定历法，"敬授人时"（《尚书·尧典》），目的是指导安排农业生产。颁布历法以安排农业生产是国家的重要职能。相传，周文王之子周公姬旦在营造东都洛邑时，曾在今河南省登封市告成镇立圭表测日影，目的也是为颁布历法，安排农事。至今，告成镇还保存有周公测景（"景"通"影"）台和元代观星台两处天文文物。周公测景台是当年周公测日影、验四时的地方，是中国最古老的天文遗迹。

元代观星台则是著名天文学家郭守敬所创,不仅是我国现存最早的天文台,也是中国古代验证和测量二十四节气的天文场所。

从观察星空到发明圭表,古人的天象观测从直观感受上升为使用工具,是极大的进步。随着圭表的发明和使用,很长一段时期内,古代中国所测定的回归年数值的准确度处于世界最高水平。

其实,世界上有些文明也在比较早的时期就通过观测确立了冬至与夏至,比如古巴比伦。但华夏先民的观测并没有止步于此,他们在冬至、夏至的基础上进一步细分了节气,确立了两分(春分、秋分),后来又加入了四立(立春、立夏、立秋、立冬),至此,二十四节气的主干——四立八节出现,这是先秦时期已经完成的事情了。到了秦汉时期,随着天文观测方法的不断进步,古人在测量日影的基础上,对太阳黄道(太阳在假想天球上的运动轨道)进行24等分,使每个节气在黄道上都有了一个准确的对照角度,由此完全掌握了节气与太阳运行之间的关系,二十四节气最终定型。在淮南王刘安和他的门客编纂的《淮南子》中,已经出现了二十四节气的全部名称。

俗话说"一年之计在于春",人们往往将立春作为二十四节气的起点,其实并不准确。最早被确立为二十四节气起点的是冬至,在天文学上,以太阳黄经度数来看,二十四节气的起点是春分,而将立春作为二十四节气的起点仅仅是习惯。首先来看冬至。冬至日影最长,便于测定,所以中国古代历法无论以哪一个月为正月,都以冬至为节气起点推算。汉以前作为气首（二十四节气之首）的冬至，其地位堪比今日的春节。即使在汉以后，夏历新年稳定下来，冬至在传统节日体系中也处于"亚岁"的地位，至今仍有"冬至大如年"的民谚。其次来看春分。春分作为二十四节气之首是天文学发展的结果。古人在观测天体运动轨迹时引入了一个假想的、与地球同心但大许多的天球，所有天体都在天球上运行。太阳在天球上的运行轨道即黄道，太阳的位置可以用黄道坐标系来表示。春分这一日，太阳垂直照射赤道，此时太阳黄经为0°，此后太阳每运行15°为一个节气，24个节气正好运行360°，此时太阳又回到春分点，完成了一个回归年的运动。

农事活动与时间节令

二十四节气是一个融天象、物候、时令等知识为一体的系统，不同的节气反映不同的内容。其中，立春、立夏、立秋、立冬反映季节的变化，春分、秋分、夏至、冬至反映昼夜长短，小暑、大暑、处暑、小寒、大寒反映气温的变化，雨水、谷雨、小雪、大雪反映降水的变化，白露、寒露、霜降反映天气现象，小满、芒种是对农业生产活动的总结，惊蛰、清明反映的则是自然物候的变化。

二十四节气具有相当实用的功能。对古代普通民众而言，二十四节气是非常好用的时间表。每两个节气之间规律地相隔15天左右，这样，知道了立春的日子就可以推知剩下的23个节气，古人能很方便地安排生产劳作。比如在雨水、谷雨节气到来之前，农民可以提前修房子，准备度汛。小满时节小麦处于灌浆中后期，籽粒逐渐饱满，但尚未成熟，需要加强田间管理。芒种时节一面要抢收麦类有芒作物，另一面还要播种谷黍类作物。从小满到芒种这一段时间，农民们必须抢抓农事，前期要加强除草、施肥、浇水等田间管理，后期要保证收割、播种。

二十四节气也是古代民众安排婚丧嫁娶、上梁掘井等大事的时间表，一般这些活动会选择避开农忙节气、降水节气，以及极寒、极热的节气。当然，很多人选择在黄道吉日进行各类仪式活动。所谓的黄道吉日与二十四节气也有紧密的关系，黄道吉日中的黄道就是划分二十四节气的太阳运行轨迹的黄道。太阳黄道带上还有许多星辰，其中有六星被认为是吉星，黄道吉日就是这六吉星主辰（值班）日。与六吉星相对，还有六凶星，六凶星主辰日就是凶日，一般不宜安排任何活动。这融合了天文与人文，不仅记录着星辰的轨迹，又承载着人类对幸福的期盼，以及面对生活多面性的应对智慧。这种选择时间的方法也传到了中国周边国家。

此外，二十四节气这张时间表还可以用来指导民众防灾避疫、养生保健。比如表现自然物候的惊蛰节气其实是古人防范病虫害的重要时节。惊蛰时节天气转暖，第一声春雷将冬日蛰居于地下的动物惊醒，各类害虫也蠢蠢欲动。为了防范病虫害，古人常有在惊蛰时节清扫房屋、院落，撒草木灰或石灰等抑制、消灭害虫的习俗。一些少数民族地区还有惊蛰时节吃炒虫以驱虫的习俗。所食用的当然不是真虫，而是以玉米粒等模拟的害虫。玉米粒炒熟后，全家一起吃，边吃边喊:"吃炒虫,吃炒虫。"还要比赛谁吃得快,嚼得响。这是一种带有原始巫术色彩的驱虫仪式,在古代起到了很重要的警醒作用。除了防范病虫害之外,春季也是传染性疾病的高发期。有谚语说:"春分相逢二月头,沿村瘟疫万人愁。"意思是如果春分节气适逢农历二月初,可能会暴发大型传染病。类似的谚语代代相传,提醒民众在春季做好防治传染病的工作。夏至是一年中十分热的时候,容易生病,因此在清代之前,每逢夏至,朝廷都要给官员放假三日。在有些地方还形成夏至日在门户上拴彩绸的习俗,目的是防止夏季瘟疫入户。当然,这样的习俗也带有一定的巫术色彩,但同样起到了警醒的作用。

节气在先民生产生活中具有重要作用,因此从先秦开始就形成了隆重的迎节气仪式,尤以迎接立春的仪式最为隆重。《礼记·月令》载,周天子在立春前三日就进行斋戒。立春当日,天子率领三公、九卿、诸侯、大夫到东郊迎接春气。天子的参与使周代迎接立春的仪式上升为规格极高的国家仪式,其主要目的在于劝耕,也就是提醒民众珍惜时间,加紧播种。《后汉书·礼仪志》等文献记载汉代也有相关的仪式。仪式开始于立春日的凌晨,京城里大小官员都穿起青色衣服,京城以外的官员都要佩戴青色头巾,官署外竖起青色旗子,甚至还造了土牛和农人的塑像,这些都是为了催促农民尽快春耕。

正如上述文献所载,立春是古代启动农事耕种的重要节气,不仅官府倡导,民间也形成了迎春、鞭春、唱春、拜春、尝春等仪式活动,其目的除了劝课农桑,有些还具有祈吉、占春的含义。比如上海市松江区、金山区等地区曾经流行过鞭打纸春牛的习俗。纸做的春牛肚子里盛着多种农作物种子，牛肚子在仪式中被打烂后，种子纷纷落地，先落地者被视为当年能获得丰收的农作物。直到当代，我们依然保留了在立春日吃春卷、尝春饼，写宜春帖祈福等习俗。农历春节通常在立春前后，两者相距不远，因此古代的立春、春节往往是连在一起的。汉代民众称立春为"春节"，南北朝民众称整个春季都为"春节"。农历正月初一在很长时间内则被称为"元旦"，直到民国时期，元旦被定为公历1月1日，春节才用以指称农历正月初一。

生命节律与节气时令

二十四节气对中国人的文化和精神世界产生了重要影响，使我们民族很早就产生了尊重自然规律，与自然和谐相处的文化理念。

在中国人的观念中，生命节律与节气时令紧密相连，由此形成了中国特有的养生之道。比如《黄帝内经》提到的四时养生法则是"春夏养阳，秋冬养阴"，因为春夏时阳虚于内，秋冬时阴虚于内。大暑时节冬病夏治、冬至时节夏病冬治正是中医运用节气规律辨证论治的体现。

古人还将优生优育与节气时令相联系，制定了一些规矩和禁忌。比如《礼记·月令》在描述春分节气时说："是月也，日夜分，雷乃发声……先雷三日，奋木铎以令兆民曰：'雷将发声，有不戒其容止者，生子不备，必有凶灾。'"这些观念在现代视角下显然带有迷信色彩，但在古人眼中，春分标志着雷声始鸣,是自然界重要的转折点。官府会派官吏摇动木铃,提醒大家注意自己的言行举止。雷在殷商时期被认为是可以惩治邪恶的正义化身,所以民间往往将被雷劈看作上天的惩罚,认为打雷是雷神惩罚恶人,必须正襟危坐才可以避免发生不测。这种应对打雷危机的方法即使在夜晚也必须遵守,一定要"戒其容止"。

将生育与自然节律相联系是我国古代优生观念的重要组成部分。唐代孙思邈在《备急千金要方》和《千金翼方》中都提出了同房时气象及日月星辰的变化对子嗣的生理、遗传性疾病及人生轨迹有重大影响的意见。现代医学研究也表明,天气阴冷、风雨交加、电闪雷鸣等恶劣的自然环境不利于受孕和优生。一方面,恶劣天气容易使人产生不良情绪,从而影响生殖细胞的质量,进而影响胚胎的发育;另一方面,雷电天气中地球磁场会发生较大变化,人的生殖细胞突变、畸变的概率也相对增加,可能引起异常胎儿的出生。

古人对自然节律的尊重体现在社会生活的方方面面,比如他们选择在春分、秋分两个节气检查、校对度量衡。《礼记·月令》说:"日夜分,则同度、量,钧衡、石,角斗、甬,正权、概。"日夜分即日夜平分,即春分、秋分两个节气。度、量是用以计量长短的器物,衡、石是称重量的器物,斗、甬是量器,权、概也是衡器、量器。在春分、秋分时节检定度量衡有一定的科学依据。因为这两个节气"昼夜均而寒暑平",气温冷热适中,昼夜温差小,校对度量衡时不容易受到温度变化的影响。这是古代科技发展的表现,古人认识到外界环境会影响度量衡器具的校验,因此他们根据对节气时令的了解，选择了两个比较好的时间进行校验。

在二十四节气的制定和应用中所表现出的顺天应时、循时而动思想，与中国传统哲学中的天人合一命题具有内在的一致性。无论是天人合一，还是二十四节气，都体现了人与自然在本质上的相通性，表达了一切人、事、物都应该顺应自然规律，才能达到人与自然全面、协调、可持续发展的思想。总的来看，二十四节气是中国人道法自然、崇尚和谐、珍视生命的重要表现，是珍贵的文化和精神财富。

Spring 春

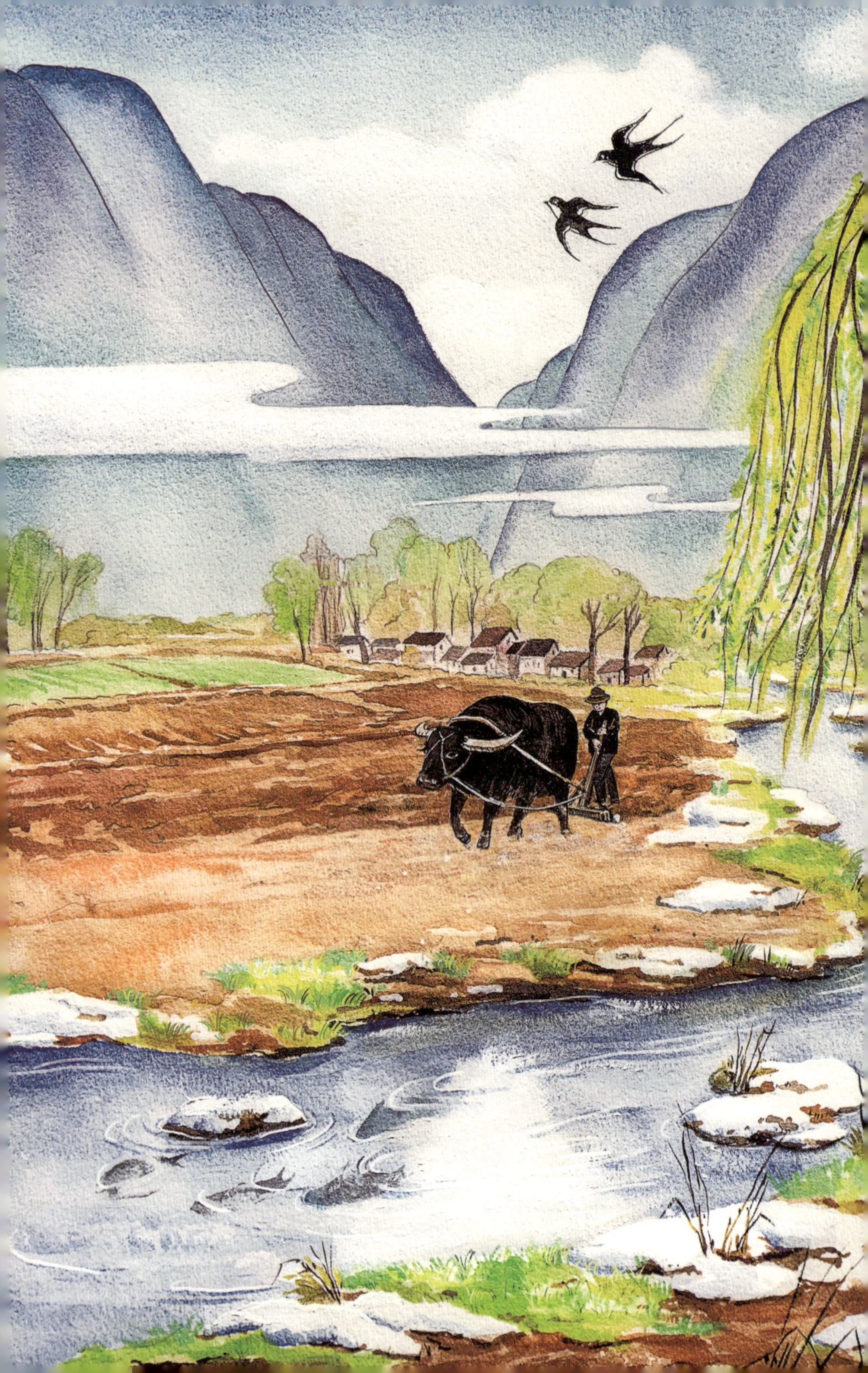

立春

文_潘惠英
黄睿钰

立春为二十四节气之首，是春季的开始。

立春是万物起始、一切更生之时，意味着一个新的季节的轮回已开启。《说文解字》解释"春"为动词，即"推也。从草从日，草春时生也"，就是草感受到太阳的召唤，应时而动，生长出来的意思。《尚书·大传》说："春，出也，万物之出也。""立"的本义，是人站在大地上。《月令七十二候集解》说："立，建始也。""建始"，区别于一般的"开始"，有竖立起来、让人看见的意思。

立春在古代是个重要的节日，就是"春节"。大年初一则叫"元日""元旦"。近代引入公历后，将"元旦"这个词送给了公历1月1日，随后又将"春节"这个词送给了夏历正月初一，于是"立春"就只有节气这一身份了。在传统观念中,新岁开启,立春有吉祥的寓意。立春标志着万物闭藏的冬季已过去,开始进入风和日暖、万物生长的春季。在自然界,立春最显著的特点就是万物开始有复苏的迹象。

迎春之礼

二十四节气是古时农耕文明的产物，立春作为"四立"（立春、立夏、立秋、立冬）之一，在我国传统农耕社会中占有极其重要的位置。人们习惯上把立春当天称为打春。冬至当天是数九寒天的开始，如果立春当天在冬至之后的第四十五天，则属于"春打五九尾"。民间有"春打五九尾，家家啃猪腿"和"春打五九尾，吃油像喝水"的说法，所表达的意思是如果"春打五九尾"，那么家家户户都能吃猪腿、家家户户吃油就和喝水一样简单。立春是一年里开始耕种的时候，"春打五九尾"预示着一个风调雨顺的好年景。

如果立春从"六九"开始，有"春打六九头"之说。立春之时，天气渐渐回暖，故童谣有云："五九、六九，沿河看柳。"事实上，立春时虽暖气已动，但春天尚未真正到来，我国的大部分地区仍冰雪未消。唐人张九龄《立春日晨起对积雪》诗曰："忽对林亭雪，瑶华处处开。今年迎气始，昨夜伴春回。"诗中描述的便是诗人在立春日兴高采烈地欢迎春的回归。宋人王镃也有绝句《立春》："泥牛鞭散六街尘，生菜挑来叶叶春。从此雪消风自软，梅花合让柳条新。"另一宋代诗人白玉蟾的《立春》诗也选用梅、雪等意象，同样清新可喜："东风吹散梅梢雪，一夜挽回天下春。从此阳春应有脚，百花富贵草精神。"立春过后，星星点点的嫩绿色便会渲染开来，直至铺满山河，给人以"草色遥看近却无"之奇妙体验。

在古人眼中，立春有三种标志性物候：一候东风解冻，袅袅春风轻抚大地，冰封的河面悄悄长出细纹，绿影隐约其间；二候蛰虫始振，鸟兽虫缓缓睁眼，于巢穴中探出脑袋，漫长的冬日在梦醒之际逐渐远去；三候鱼陟负冰，冰面开始融化，鱼翔浅底，与水面冰凌互相嬉戏，仿若背着冰块负重前行。

立春多为每年公历2月4日，仅个别年份为2月3日或2月5日。此时，太阳到达黄经315°。从公历来说，不论是平年还是闰年，每年定有一次立春。若遇见夏历闰年，一年中则会出现25个节气，即年初和年尾各有一次立春。一年中出现两次立春的情况，在民间被称作"双春年"，又称"一年两头春""两春夹一冬"。例如2023年2月4日，即正月十四是癸卯年第一次立春，2024年2月4日，即腊月二十五是癸卯年第二次立春。巧合的是，癸卯年的第二次立春恰好处于"五九"的最后一日，因此，2024年的立春便是民间百姓口中的"春打五九尾"。

立春有着悠久的历史。"立春"一词，早在周朝就已出现。据《礼记》记载，周朝时，每逢立春，周天子都要亲率公卿、诸侯、大夫，在东郊举行迎春大典，赏赐群臣并施惠于民。

东汉之后，迎春礼俗渐于朝野出现，天子东郊迎春，妇女剪彩为燕，百姓贴"宜春"二字于门；唐宋时，宰相以下群臣需在立春之日入朝致贺；至明清，宫廷内无论是迎春，还是鞭牛，仪礼均极为庄重。

鞭牛迎春是一项颇有仪式感的习俗，不仅百姓格外在意，天子也重视有加。

具体而言，在立春前一日，先由两名艺人顶冠饰带，并沿街高喊"春来了——"，此谓"报春"。报春之后方可迎春。据《礼记·月令》记载："先立春三日，太史谒之天子曰：某日立春，盛德在木。天子乃齐。立春之日，天子亲帅三公、九卿、诸侯、大夫以迎春于东郊。还反，赏公、卿、大夫于朝。命相布德和令，行庆施惠，下及兆民。庆赐遂行，毋有不当"。朱熹注："谒告也，春为生，天地生育之盛德在于木位也。迎春东郊，祭太皞、句芒也。"（陈澔《礼记集说》）据此可知，在春秋战国时期，自天子至黎民百姓，人人都要参加盛大的迎春活动。天子举行立春仪式前，还需经过三天斋戒，斋戒过后方可亲自率领三公、九卿及各诸侯、大夫前往东方八里之郊迎春，以此祈求来年风调雨顺、作物丰收。而活动期间供祀祭拜的神祇即为句芒（亦称"勾芒"），传说中，句芒神是少昊的儿子。春天来临时，许多植物破土而出，埋藏于土中的豆子长成了弯弯的"勾"形豆芽，而青草冒尖则叶片带"芒"。因此，古时人们将句芒视作春之象征。因其居于东方，故迎春需去东郊。直至宋朝，迎春活动举行的地方才不只限于东郊，而由郊外迁至宫舍。

迎春这一官方习俗一直延续至清代。立春前一日，顺天府官员前往东直门外一里地的春场举办盛大的迎春仪式。立春当天，礼部需呈送春山宝座，顺天府则要呈送春牛图，礼成后方可折返。

至于立春这一天的"鞭春牛"习俗，则与周代的"出土牛"有渊源关系。《礼记·月令》载："（季冬之月）命有司大难，旁磔，出土牛，以送寒气。"土牛，即用土塑牛，内塞五谷，后叩拜、打碎、抢土、拾粒。引春牛而击之曰"打春"。有些地方认为抢得牛头最为吉利，因而又称众人抢土、拾粒为"抢春"，体现了人们对五谷丰登的美好期盼。

鞭牛活动固定于立春之日，始于汉。古有《春牛芒神图》，对春牛芒神的尺寸规格也有规定，如：春牛身高四尺，象征四季；身长八尺，代表春分、秋分、夏至、冬至、立春、立夏、立秋、立冬八个节气；牛尾长一尺二寸，象征一年十二个月。春牛旁的牧童名叫芒神，身高三尺六寸五分代表一年三百六十五天；手拿长二尺四寸的鞭，则代表二十四节气。那么，为何要鞭打春牛？牛对应十二地支的丑，丑对应夏历十二月，故将土牛打碎，即表示丑月已经送走，意谓腊尽。且鞭打春牛也有催牛耕作之意。宋代高承编撰的专记事物原始之属的书《事物纪原·岁时风俗》载："周公始制立春土牛，盖出土牛以示农耕之早晚。"后世历代封建统治者在立春之日都要举行鞭春之礼，意在鼓励农耕，发展生产。民间有首《春字歌》描述的就是鞭打春牛的情景："春日春风动，春江春水流。春人饮春酒，春官鞭春牛。"而明代名臣于谦的七律《立春》首联则云："击罢泥牛物候新，一鞭分与万家春。"

"今日班春也不迟，瑞牛山色雨晴时。"（汤显祖《班春二首》）班春劝农是明代著名戏剧家、文学家汤显祖任遂昌知县期间，举行的奖励农桑、农发人勤作农事的仪式。班春即颁布春令，劝农即劝农事，策励春耕。2016年11月30日，联合国教科文组织将中国申报的"二十四节气"列入人类非物质文化遗产代表作名录，班春劝农作为立春内容之一被列入，成为浙江遂昌首个人类非遗项目。班春劝农典礼，主要由祭春、鞭春、开春等部分组成。在遂昌，"二十四节气·班春劝农"作为传统农耕仪式已传承了四百余年，并在新时代继续发挥独特价值。这不仅是对大文豪汤显祖的纪念，更是立春习俗在中华大地上的一次重生。

事实上，古人供奉句芒和行鞭春牛之礼，并非仅仅是表达对神的崇拜，更在于希望通过此举了解春到来的早迟，以及当年气候的暖寒等，即预知全年气候，类似今日的天气预报。

有些地方在"春官鞭春牛"时，还有唱民歌的习俗，称为"唱春牛"。民国时，扮春官的人往往是一些乞丐，立春次日早晨，春官们先聚集在一起鞭牛，神态欣悦、精神抖擞，县令与地方主事亦参与其中。人们手执纸鞭，一边鞭打春牛一边放声歌唱，一鞭曰风调雨顺，二鞭曰国泰平安，三鞭曰天子万岁春。东北地区亦有类似民谣：

　　一打风调雨顺，二打地肥土暄，

　　三打三阳开泰，四打四季平安，

　　五打五谷丰登，六打六合同春，

　　七打七星高照，八打八方吉祥，

　　九打九域太平，十打十全十美。

南朝梁宗懔的《荆楚岁时记》载曰："立春之日，悉剪彩为燕戴之，帖'宜春'二字。"可见女性在立春之日有戴春幡的习俗，这一风俗最迟始于汉末魏晋，并从此沿袭下来。

春幡又名"幡胜""彩胜"，最早使用的春幡是盛开在春日之中的花朵，后来其形态逐渐被布帛或彩纸所取代，如用彩绸剪成春花、春燕、春柳等样式，插于妇女之鬓，或缀于花枝之下。戴春幡既可禳凶邪，又可求吉福，还有迎春之意，因而女子皆以春幡装饰自身，并期盼美好的一年从立春之日开始。故晚唐诗人韦庄《立春》诗云"彩幡新翦绿杨丝"，北宋大臣宋庠《立春》诗云"曾见青旗上苑回，瑞幡仙萼翦刀催"，南宋词人辛弃疾《蝶恋花·戊申元日立春席间作》亦有"谁向椒盘簪彩胜"，其《汉宫春·立春日》更是直言"春已归来，看美人头上，袅袅春幡"。即便是在深深的宫墙之内，戴春幡的风气亦盛，如唐代诗人宋之问便有《奉和立春日侍宴内出剪彩花应制》："金阁妆新杏，琼筵弄绮梅。人间都未识，天上忽先开。蝶绕香丝住，蜂怜艳粉回。今年春色早，应为剪刀催。"

有些地方在立春之日还需"浴兰汤",将白芷、桃皮、青木香三味中药煎汤沐浴,以期散风除湿、清热解毒。人们沐浴更衣,梳洗罢,满怀期许,迎接一年好景。

留春之俗

自然的变化常常被生活在现代城市中的人们忽略,咬春的习俗,却代代相传,延续了下来。

咬春就是在立春日吃春盘、春饼、春卷、生菜、萝卜等。吃春盘,即在立春日,将蔬果、春饼等装盘后馈赠亲友或与家人一同享用。春盘早在晋代时便出现了,到了唐宋时期,春盘更是风靡一时。立春前一日,皇帝都要赏赐百官春酒、春盘,摆盘极为精致、考究。唐人杜甫《立春》诗云:"春日春盘细生菜,忽忆两京梅发时。盘出高门行白玉,菜传纤手送青丝。"宋人方岳《春盘》更是不厌其烦地细致描述:"莱服根松缕冰玉,蒌蒿苗肥点寒绿。霜鞭行苜软于酥,雪树生钉肥胜肉。与吾同味蓼丝辣,知我长贫韭菹熟。"结句清雅达观:"不妨细雨看梅花,且喜春风到茅屋。"

春饼就是用面粉烙制或蒸制而成的一种薄饼,卷炒菜和熟肉食用。立春吃春饼,是人们对"一年之计在于春"的美好祝福,也是将春天留住的殷切期盼。清潘荣陛《帝京岁时纪胜·正月·春盘》记载:"新春日献辛盘。虽士庶之家,亦必割鸡豚,炊面饼,而杂以生菜、青韭芽、羊角葱,冲和合菜皮,兼生食水红萝卜,名曰咬春。"老北京吃春饼更是讲究:从宝圆斋糕点房买的春饼包上炒菠菜、炒韭菜、炒绿豆芽和煎鸡蛋等,更为讲究的还要卷上天福号的酱肘子,夹上羊角葱丝,再佐以六必居的甜面酱，卷成筒状，还必须要从头吃到尾，即所谓的"有头有尾"。有的还要来上一碗豆汁或小米粥，颇为丰盛。

在立春时节有一件事，寻常人家都会记着：吃春卷。将春卷炸至金黄，摞得像小山一样，时令蔬菜也次第上桌，再辅之以春茶。春卷是用薄面皮包馅，用热油炸制而成的，馅料多为菜与肉混合。

咬春最好不要忘了嚼几口萝卜，有咬得草根断，则百事可做之意。《燕京岁时记》说："是日，富家多食春饼，妇女等多买萝卜而食之，曰'咬春'，谓可以却春困也。"苏东坡有诗云："秋来霜露满东园，芦菔生儿芥有孙。"芦菔即萝卜，旧时药典记载，萝卜药用价值极大，常食不仅可以缓解春困，还有理气、养身、祛病之效，不可小觑。

立春之俗的咬春就是为了留住春天，虽然立春时春天还没有真正到来，但人们心底关于春的记忆已渐渐复苏。直到现在，我们还往往会在立春前后看到老字号门店备足货源供市民咬春的新闻。也只有心底春意不褪，才能等来生命里的锦绣年华。

立春之歌

纵观历代名家笔下的"立春"，风姿各异，不仅展现出时代的文化气息，更展示了对春日亘古不变的追求与热爱。有时立春恰逢人日（正月七日），唐人卢仝曾提笔写下一首喜气洋洋的《人日立春》："春度春归无限春，今朝方始觉成人。从今克己应犹及，颜与梅花俱自新。"罗隐也曾在长安吟出《京中正月七日立春》："一二三四五六七，万木生芽是今日。远天归雁拂云飞，近水游鱼迸冰出。"即便立春这天不巧为工作日，也丝毫不影响文人士子迎春的喜悦心情,如《立春日酬钱员外曲江同行见赠》便记载了立春之日刚下直的白居易与同僚共游曲江之事:"下直遇春日,垂鞭出禁闱。两人携手语,十里看山归。柳色早黄浅,水文新绿微。风光向晚好,车马近南稀。机尽笑相顾,不惊鸥鹭飞。"与上述几位唐才子异曲同工的,是宋人张栻的《立春偶成》:"律回岁晚冰霜少,春到人间草木知。便觉眼前生意满,东风吹水绿参差。"北宋大文豪苏东坡《减字木兰花·立春》一连使用七个"春"字:"春牛春杖,无限春风来海上,便与春工,染得桃红似肉红。 春幡春胜,一阵春风吹酒醒,不似天涯,卷起杨花似雪花。"其文气令人叹服!"南宋四大家"之一的杨万里则捕捉到了报春的蜜蜂和蝴蝶,以其充满童趣的细腻诗笔写道:"嫩日催青出冻荄,小风吹白落疏梅。残冬未放春交割,早有黄蜂紫蝶来。"(《腊里立春蜂蝶辈出》)蜂蝶翻飞,送冬迎春,兀的不喜煞人也!提及文学中的"春",绕不开《红楼梦》中的"贾府四春"——元春、迎春、探春、惜春。"元迎探惜"者,"原应叹息"也。春本为一切美好的开端,在曹雪芹笔下却化为了哀情的陪衬。

据红学家推测,在"贾府四春"中,"二木头"贾迎春的生日在立春前后。唐代皇甫冉有诗《东郊迎春》云:"晓见苍龙驾,东郊春已迎。彩云天仗合,玄象太阶平。佳气山川秀,和风政令行。句陈霜骑肃,御道雨师清。律向韶阳变,人随草木荣。遥观上林树,今日遇迁莺。"诗中洋溢着新春的勃勃生机,呈现出一派喜气洋洋之景。"迎春"之名,或许便是取义于此。

今天,我们依然可以在现当代各类文学作品中寻找到"立春"的足迹。在朱自清笔下,春天的"风轻悄悄的,草软绵绵的";在余光中笔下,春雨有一点点薄荷的香味;在迟子建眼中,春天是一点一点化开的……

著名作家沈从文先生有诗《春月》:

虽不如秋来皎洁,

但蒙眬憧憬;

又另有一种,

凄凉意味。

有软软东风,

飘裙拂鬓;

春寒似犹堪怯!

……

山水环绕的凤凰边城美景滋养了沈先生的善良、率直,也赋予他多情的灵魂与对美好事物的不懈追求。在南方的立春时节,虽冬意仍在,但对"春"的憧憬却早已按捺不住。东风带了三分余寒两层暖意,吹起行人的衣角、发梢,软软的、潮潮的。折一枝梅花,泡一壶清茶,雪消风自软,眼前春意满,"嗅着淡淡荼蘼,人如在,黯淡烟霭里"。朦胧之中将憧憬与凄凉,尽数糅入血脉……

除了文学,"立春"的身影也时常出现在电影、绘画、音乐等各类艺术作品中。在电影《立春》里,女主王彩玲(蒋雯丽饰演)兜兜转转,最终悟得"立春到了,春天还会远吗?"的道理。画家于非闇的《春江》、娄师白的《春风》、张世简的《春韵》、俞致贞的《春鸣》、喻继高的《春意》等精美作品,更是将春天来临时刻的点点滴滴,用细腻的画笔勾勒纸上。民族管弦乐《春》以舒展豪迈的乐曲,三重奏与民族管弦乐《春度景山》

以民乐特有的行云流水,带领听众感受春天的盎然生机和万物复苏的生命活力。

"浴乎沂,风乎舞雩,咏而归。"立春,是春天迫不及待的宣言和预告,饱含了人们对美好未来的期许和欢欣,意味着万物生长的序曲和勃勃生机的萌动。

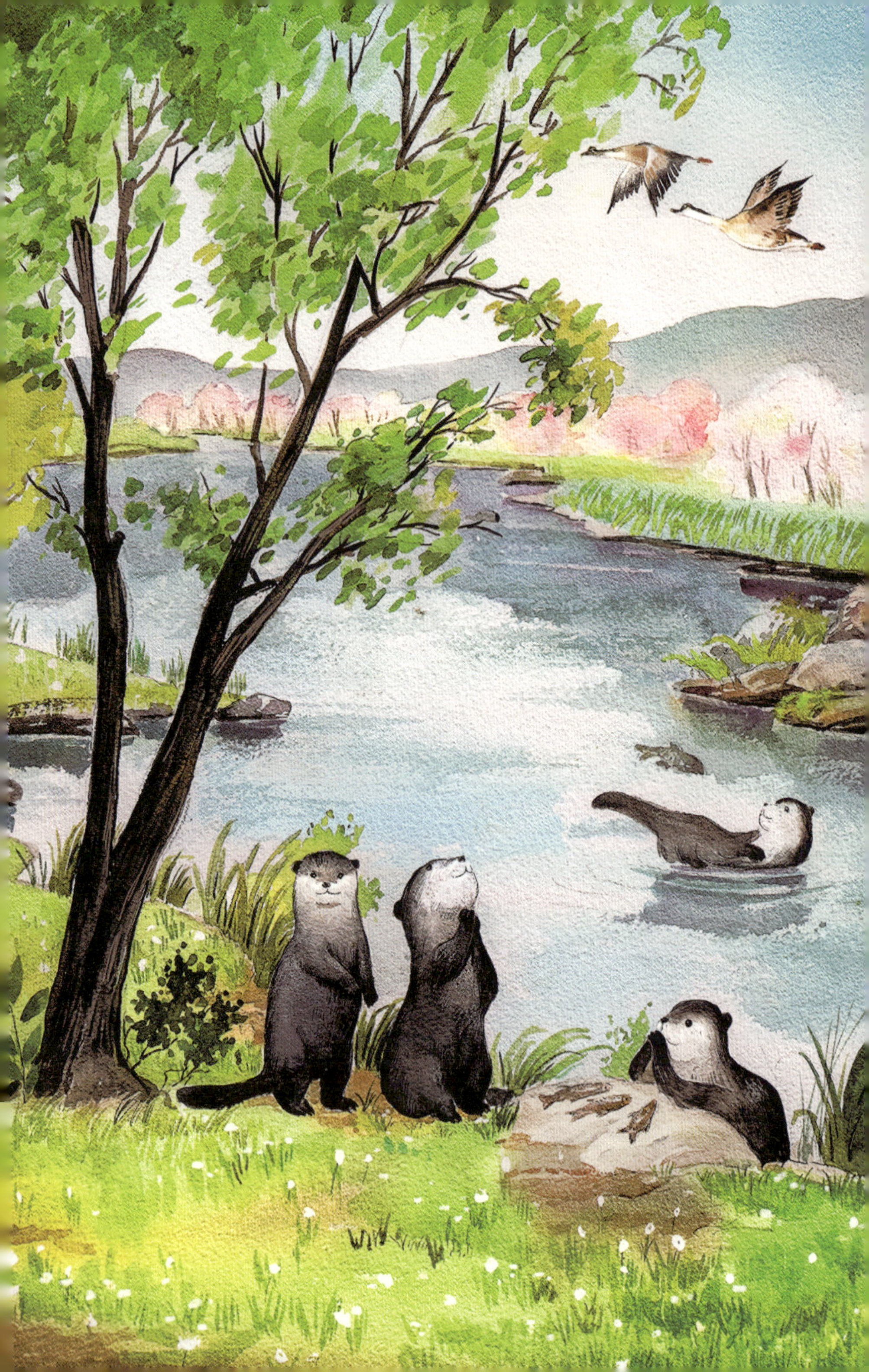

雨水

草木萌动

文_徐俪成

当太阳到达黄经330°，雨水节气便到了，其交节时间在2月18、19或20日。

如果说立春是一年时间的起始，那么雨水，就是一年生命的起始，从自然草木，到农圃作物，再到人类本身，都在雨水时节展现出了无限的生命力和发展潜能。由此观之，2022年北京冬奥会开幕式以雨水作为二十四节气倒计时的起始，以立春，即冬奥会开幕的日子为结尾，恰到好处地展示了中国传统文化中的"生生不息"之理，向世界展示了中国的活力与生机。

雨水与惊蛰

在如今的二十四节气中，雨水是农历正月的第二个节气，再接下来是惊蛰。这样的顺序与《逸周书·时训解》《淮南子·天文训》等先秦、汉初文献中记载的二十四节气顺序是一样的。但是，在东汉班固编写的《汉书·律历志》中，却是先惊蛰后雨水，和现在通行的顺序恰好颠倒。这种先惊蛰后雨水的历法，在汉代曾经通行过很长时间，东汉经学家郑玄在注释《礼记·月令》时特别说明："汉始亦以惊蛰为正月中……汉始以雨水为二月节。"古时将每月两个节气中的前一个称为"节"，后一个称为"中"或"气"，所以郑玄这段话的意思，就是汉代开始，惊蛰成了正月的第二个节气，雨水则退为二月的第一个节气。

那么，汉代人为何要调换雨水和惊蛰次序呢？这与儒家经典《礼记·月令》有关。《礼记·月令》将一年分为四季，每一季分为孟、仲、季三部分，各自对应一个月，在每一个月份之下，又记录了本月的自然物候变化，并根据自然状况，规定了本月人类社会的行事准则，可以说是一份完整的年度行事指南。在《礼记·月令》中，虽然没有明确出现"二十四节气"的说法，但是其中的不少表述，都和后世节气的名称相似。比如《礼记·月令》在描述孟春（一月）的物候时说："东风解冻，蛰虫始振，鱼上冰，獭祭鱼，鸿雁来。"其中"蛰虫始振"指蛰伏的鸟兽虫在春天重新焕发生机，这和二十四节气中的惊蛰意思几乎相同。但是，按照《礼记》的说法，"蛰虫始振"是一月的物候，而惊蛰节气却是在二月，两者矛盾。同样，《礼记·月令》在描述仲春（二月）的物候时，又有"始雨水"的说法，而雨水节气却在一月。此外，另一篇与《礼记》有关的经典，被认为反映了夏朝历法的《大戴礼记·夏小正》，在描述正月的物候时也有"正月启蛰"的说法，这里的"启蛰"，就是"惊蛰"。

这样看来，在《礼记·月令》和《大戴礼记·夏小正》两篇儒家经典文献中，都认为"蛰虫始振"或"启蛰"是一月的物候。西汉末年王莽改制，国师刘歆奉命编定新的历法《三统历》时，为了与《礼记》《大戴礼记》的记载一致，就将惊蛰放到了一月，雨水放到了二月。这种新的节气顺序，被许多儒家学者采纳，比如东汉末年的蔡邕，在疏解《礼记·月令》时，就采纳了先惊蛰后雨水的顺序。

魏晋南北朝之后，儒学正统地位受到挑战，人们逐渐关注《淮南子》这样的道家、杂家文献，再加上西晋时汲冢战国古墓中出土了《逸周书》的古文版本，越来越多的人开始重新认可《淮南子》《逸周书》中二十四节气的排序。南朝刘宋时学者何承天上《元嘉历》，"以……雨水为气初"，在《宋书·律历志》和敦煌出土的北魏太武帝太平真君十一年（450）的日历中，已经是先雨水后惊蛰的顺序，和现在一样了。

水獭祭游鱼

雨水节气的三个物候分别是：一候獭祭鱼。二候鸿雁来。三候草木萌动。体现出了雨水时节万物复苏、欣欣向荣的特征。

三个雨水节气的物候中，鸿雁来，指大雁从南方飞回北方，草木萌动，指花草树木生长萌芽，这些都是春季天气回暖之后的典型自然变化，比较容易理解。獭祭鱼，则比较有趣，这里的獭主要指水獭，据古人的观察，每到春季雨水前后，河冰解冻，游鱼上浮，水獭在捕猎游鱼之后，常会将鱼拖出水中，陈列在岸上，同时后腿站立，两只小手放在胸前，好像是在做祭拜的动作。儒家在举办宗庙祭祀之礼时，要先以食物祭祀祖先，然后自己再进食，对于崇信儒道、注重礼仪的儒家学者而言，水獭这样的动作，表现了动物也会遵从祭祀之礼，正是礼教合于自然天道的证据。元代吴澄编《月令七十二候集解》释獭祭鱼时，将其与霜降节气的物候"豺祭兽"并提，说："祭鱼，取鱼以祭天也。所谓豺、獭知报本，岁始而鱼上游，则獭初取以祭。"认为这体现了水獭"不忘本"的高贵品质。

除了遵循礼教之外，獭祭鱼还有一个意义，就是标志着一年渔业活动的开始。早在先秦时期，古人就有了可持续发展的观念，《逸周书·文传解》中记载着文王颁布的禁令："川泽非时不入网罟，以成鱼鳖之长。"认为在鱼类生长繁殖的时候，需要有一段休渔期，避免过度捕捞造成渔业资源的枯竭。那么这个"非时"的标准如何划分呢？古人认为，每到春天，水獭开始祭鱼，说明自然界中的生物已开始了捕食，这体现了自然天道对捕食活动的默许，人类于此时开展渔猎活动，方是不违天时。《礼记·王制》云："獭祭鱼，然后虞人入泽梁。"就是以雨水獭祭鱼的现象为界，区分休渔期和开渔期的。在唐代武后执政时期，曾经长期推行素食政策，官员不得杀生而食，凤阁舍人崔融上书表示反对，其中提到："春生秋杀，天之常道。……豺祭兽，獭祭鱼，自然之理也。"以獭祭鱼为例，说明物种互相捕食，是天道允许的行为。在这个时候，雨水时节捕鱼而祭的水獭可能怎么也想不到，自己居然成了左右人类社会政策的关键角色。

当然,雨水时节最有代表性的物候,还是春雨。不同于夏雨的猛烈和秋雨的凄凉,春雨雨量不大,却绵延悠长,给人一种温柔润泽的感觉。元稹曾写过一组《咏廿四气诗》的律诗,《雨水正月中》一诗写道:"雨水洗春容,平田已见龙。祭鱼盈浦屿,归雁过山峰。云色轻还重,风光淡又浓。向春入二月,花色影重重。"其中除了獭祭鱼、北雁南归等物候之外,"云色轻还重,风光淡又浓"两句,写出了春日风物在细密春雨的掩映下阴晴不定、浓淡交错的朦胧感。韩愈《早春呈水部张十八员外》中的名句"天街小雨润如酥,草色遥看近却无"更是贴切地表现出春雨若有若无、如丝如梦的感觉。

随着春雨而来的,是前面提到的草木萌动的物候,虽然此时的草木尚在初生的状态,但已经为冬日单调的大地增添了一分亮色。草木生长时"池塘生春草,园柳变鸣禽"的欣欣向荣之态,也会给人带来强烈的生之喜悦。唐代诗人独孤及《山中春思》云:"獭祭川水大,人家春日长。独谣昼不暮,搔首惭年芳。蘼草知节换,含葩向新阳。不嫌三径深,为我生池塘。"诗人虽然远离人世,独处山中,但依然被雨水时节萌动生机的春草所安慰和感动。清代乾隆帝《月令七十二候》诗写到雨水时节"草木萌动"之候时所说的"遍地含芽及荠甲,连林柳眼与梅心",更展现出了雨水时节草木无处不在的蓬勃生命力。

春雨对作物的生长意义重大,要让庄稼切实享受到春雨的滋润,最好在雨水前后完成播种植栽。莫高窟第23窟就有一幅雨中耕作图,图中乌云密布,雨水倾泻,一位农夫挥鞭赶牛,在雨中耕种,另一位挑担行走,身旁畦田青青。

爆谷卜年华

雨水时节的草木萌动,对于文人来说是增加了赏心悦目的美景、窥情钻貌的诗材,对于农人来说则标志着一年生计的开端。清人刘秉恬《春雨》诗云:"雨水节逢雨水匀,眼前气象又添春。落梅片片如垂露,弱柳丝丝可压尘。和漏今宵听滴沥,润苗来日更精神。年年幸获丰年象,感切无边造物仁。"其中"落梅片片如垂露,弱柳丝丝可压尘"是以诗人之眼欣赏花木勃发之美,"润苗来日更精神"则是以农人之心赞美雨水对农作物的滋养之功。

春天是播种的季节,播种的时机与天气的晴雨有着密切关系。上海俗谚云"春雨贵似油,点滴弗白流",春雨对作物的生长意义重大,要让庄稼切实享受到春雨的滋润,最好在雨水前后完成播种栽植。清人王文清《区田农话》说:"《孟子》'不违农时',以春耕为第一义。春耕之始,必在雨水节前。"讲的就是这个道理。按照《礼记·月令》的要求,古时的君王在"草木萌动"之后,通常需要颁布农业政策,测量划分土地范围,寻找适合不同作物的土地,亲自指导百姓耕种之法,所谓"田事既饬,先定准直,农乃不惑",农人对耕种的时机、土地和方法具备了相当的了解,在雨水节前依法播种,才能最大程度确保一年的收成。

除了选择合适的播种时间之外,种子的选择也很重要。在雨水时节,民间有一项重要的传统习俗,叫作"占稻色"。清代乾隆帝下令编定的《授时通考》引《田家五行》云:"雨水节,烧干镬,以糯稻爆之,谓之孛娄花,占稻色。"在雨水时节,人们会将锅烧热,放入糯稻,使其在高温下膨胀爆开,以此预测稻种的成色,爆开的糯稻叫"孛娄花"。占稻色时,人们会将早稻和晚稻等不同的糯稻各抓一把，放入不同锅中，哪个锅中爆开的糯稻最多最白，就说明这种糯稻成色最好，当然也就最适合大面积播种。

这种爆糯稻以占卜的习俗，早在宋代就已经在江南地区出现。南宋范成大《吴郡志·风俗》言吴郡人每到初春，就会"爆糯谷于釜中，名孛娄，亦曰米花，每人自爆，以卜一岁之休咎"。由此可见，这种占稻色用的爆孛娄，大概就是最早的爆米花。只不过我们现在经常在看电影时吃的爆米花用的"米"是玉米，而传统的爆米花用的则是糯米，现在江南一带米花糖之类的点心，更为接近传统的制法。根据范成大的说法，吴郡人爆米花，不仅仅可以预测收成，还可以预测个人一年的吉凶，故又称"卜流花"或"卜年华"。李诩有诗歌咏吴地爆米花占卜的习俗说，东入吴门十万家，家家爆谷卜年华。就锅抛下黄金粟，转手翻成白玉花。红粉美人占喜事，白头老叟问生涯。晓来妆饰诸儿女，数片梅花插鬓斜。从占喜事到问生涯，爆米花占卜的内容既可以是姻缘，也可以是健康，可以说非常多样化了。在上海，这种习俗同样非常流行，清文人李行南作《申江竹枝词》咏上海民俗，其中就有对爆孛娄的描写："糯谷干收杂禹粮，釜中膨脖闹花香。今朝孛娄开如雪，卜得今年喜事强。"可见，卜年华和占稻色一样，都是以稻谷爆开的程度和色泽决定结果好坏的。在农业社会，个人乃至社会的命运，与一年中粮食收成的好坏息息相关，从这个角度来看，从占稻色到卜年华的转换，也自有其合理性。

雨水时节草木萌发的物象，也很容易让人进一步联想到人类的繁衍与生长，清罗国纲《罗氏会约医镜》云："立春、雨水二节，得天雨，承接，夫妇各饮一杯，入房即孕胎生子。"认为雨水时节的雨,有促进生育的功能。在川西一带,民间在雨水时有"撞拜寄"的习俗,父母在这一天会带领子女认干爹干妈,以此保证子女的成长过程中受到更多关爱和扶持。这些都是在雨水时节"生长""发生"特性基础上发展出来的民俗。

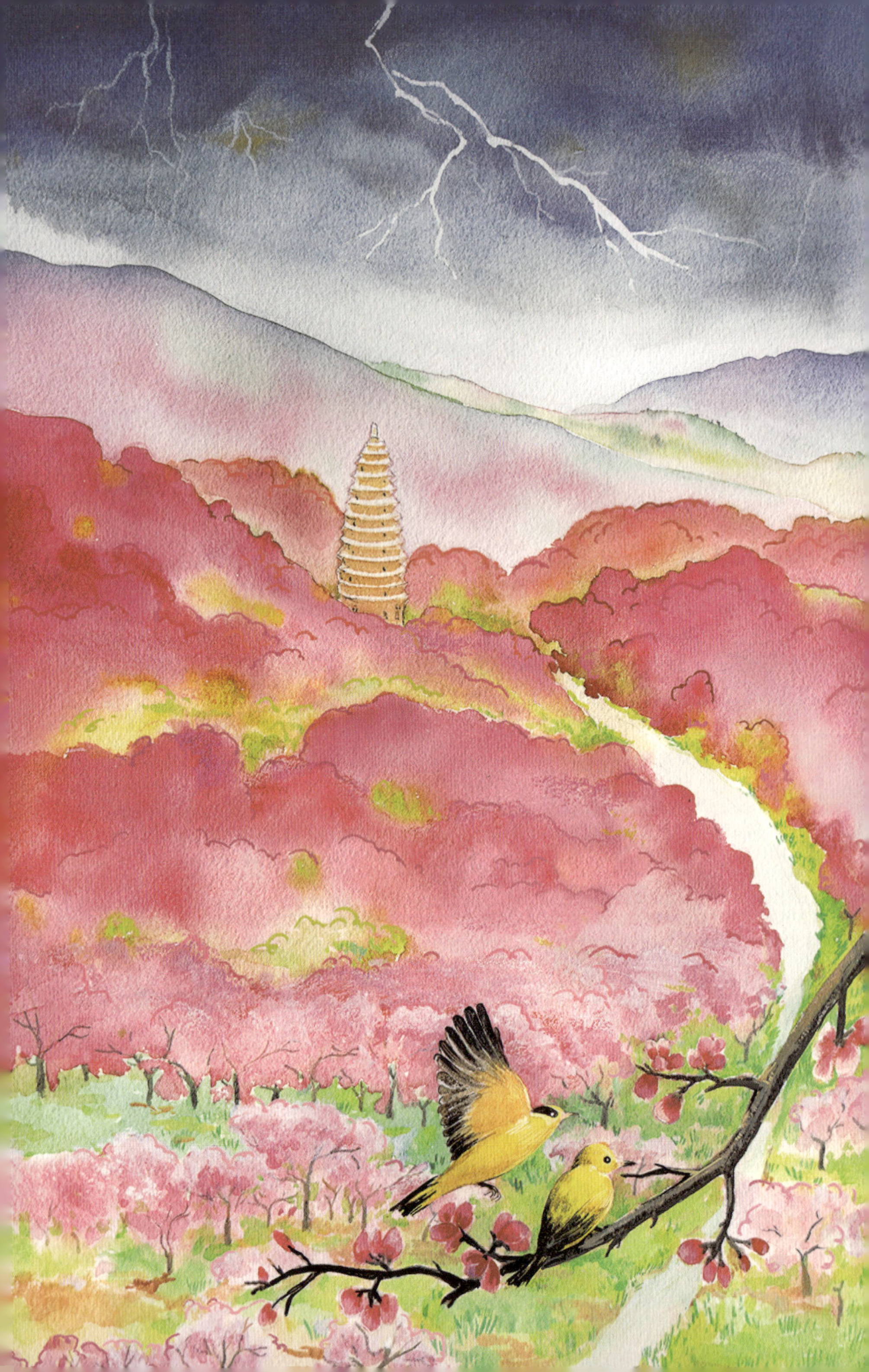

惊蛰

雷动风行

文_方 云

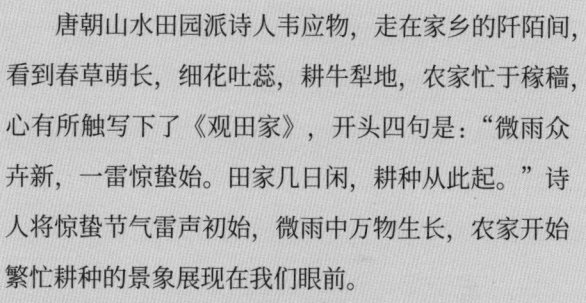

　　唐朝山水田园派诗人韦应物，走在家乡的阡陌间，看到春草萌长，细花吐蕊，耕牛犁地，农家忙于稼穑，心有所触写下了《观田家》，开头四句是："微雨众卉新，一雷惊蛰始。田家几日闲，耕种从此起。"诗人将惊蛰节气雷声初始，微雨中万物生长，农家开始繁忙耕种的景象展现在我们眼前。

　　惊蛰，于公历3月5日、6日或7日交节，此时太阳到达黄经345°。《大戴礼记·夏小正》曰："正月启蛰，言始发蛰也。""万物出乎震，震为雷，故曰惊蛰。蛰虫惊而走出也。"在这里，"启"是开启的意思。为了避讳汉景帝刘启的名号，"启蛰"后改称"惊蛰"。段玉裁注："凡虫之伏为蛰。"惊蛰就是春雷唤醒大地，鸟虫鱼兽纷纷苏醒的时节。

一声雷唤苍龙起

古人认为"龙为百虫之长",能"兴云雨,利万物",它在头年冬至蛰伏,来年二月二抬头升空开始行云降雨。民谚云:"二月二,龙抬头。"先民观察到,惊蛰与农历二月二经常重合,此时蛰伏在大地之下冬眠的各种昆虫都苏醒过来。就是冬眠的龙也在此时抬头了。元代诗人吴存的词作《水龙吟·寿族父瑞堂是日惊蛰》中将惊蛰的雷声与苍龙联系在了一起:"今朝蛰户初开,一声雷唤苍龙起。"苍龙星宿在东方夜空开始上升,在惊蛰节气,最先醒来。《山海经·大荒东经》云:"旱而为应龙之状,乃得大雨。"人们一遇天旱便装扮成应龙的样子向上天求雨,就能得到大雨。传说应龙有双翅,曾助大禹治水,是古代传说中兴云致雨的神。《三坟》亦云:"龙善变化,能致雷雨,为君物也。"现代气象科学表明,惊蛰前后常有雷声,是因为大地湿度渐高促使地面热气上升,或北上的湿热空气比较强且活动频繁。冬眠的昆虫苏醒,也并不是因为隆隆的雷声,而是地中温度回升的原因。

风、云、雷、电,通常是应龙施雨的前奏。古代,由于先民对自然界缺乏了解,认为雷由雷神、雷公、雷祖主宰,所以惊蛰时常祭雷神。那么先民所崇拜的雷神到底是何模样?《山海经·海内东经》中有关雷神的描述是:"雷泽中有雷神,龙身而人头,鼓其腹。"雷泽中的这位雷神,长着龙的身子人的头,他一鼓起肚子就响雷。

在不同的历史阶段,雷神的形象一直处于发展变化之中,形态各异。有人认为,雷神是位鸟嘴人身,长了翅膀的大神,左手引连鼓,右手持椎击打,发出隆隆的雷声。还有诸如"状如六畜,头似猕猴""若力士之容""犬首鬼形"等说法。

到了明清时期，雷神形象渐趋统一。清代黄伯禄所著《集说诠真》里有这样一段对雷神的描写，曰："今俗所塑之雷神，状若力士。裸胸袒腹，背插两翅，额具三目，脸赤如猴，下颏长而锐，足如鹰鹯，而爪更厉，左手执楔，右手持槌，作欲击状。自顶至旁，环悬连鼓五个，左足盘蹴一鼓，称曰雷公江天君。"雷神"脸赤如猴，下颏长而锐"，也就是现代人们常说的"雷公脸"。

《周礼》卷四十《韗人》曰："凡冒鼓必以启蛰之日。"注曰："启蛰，孟春之中也，蛰虫始闻雷声而动；鼓，所取象也；冒，蒙鼓以革。"先民认为惊蛰日，天庭有雷神击天鼓，人间也应利用此时机蒙鼓皮，这是民间雷神崇拜的表现。民俗学家乌丙安先生在其《中国民间信仰》之"对自然物、自然力的崇拜"一章中，对中国南北各民族的雷神传说故事、祭祀仪式、风俗特征及其象征意涵进行了归纳总结，并进一步指明了雷神的神性职责为执掌万物生长与天罚。旧时民间惊蛰日，家家户户会贴上雷神的贴画，摆上供品，或者去庙里燃香祭拜，以祈一年风调雨顺。清代黄霆《松江竹枝词》可为证："今年惊蛰喜闻雷，百草争荣向水隈。日落城西超果寺，纷纷女伴进香回。"

此外，雷神亦是代表正义、驱邪逐疫的神灵。华东师范大学田兆元教授曾指出，2020年武汉雷神山、火神山医院的取名，正是借助神话传统、民俗传统、医学传统中强大的精神力量，把古老的文化传统激活，以雷神、火神的文化精神，来鼓舞大家振奋斗志，抗击疫情。无论雷神的形象如何演变，他始终寄托了中国劳动人民祛邪、避灾、祈福的美好愿望。

震醒蛰伏越冬虫

二十四节气的命名多与气候、季节相关，如小暑、大寒、立春、夏至等，或是对农作物状态的描述，如小满、芒种，而惊蛰则是二十四节气中唯一一个以昆虫习性命名的节气。从"蛰"字的字形演变来看，小篆的"蛰"底部为一只盘缠的小蛇，上半部的"执"表声，本义为束缚不动，合字则为"虫冬眠，伏而不动"，形象地说明了昆虫从寒冬到初春这一时段的蛰伏状态。

"惊蛰节到闻雷声，震醒蛰伏越冬虫。"随着惊蛰节气的到来，气温快速升高，深眠在泥土中的各类爬虫渐渐复苏，即将进入繁衍阶段。为了达成农作物高产的目的，当务之急是在惊蛰前后进行春翻、施肥、灭虫。其中，驱虫对象既包括田地里的害虫，亦包括家宅里的蚁虫。

从卫生净化环境的角度来看，虫卵尚未孵化，或是幼虫仍在成长阶段，最适合消杀。正如《千金月令》中记："惊蛰日，取石灰糁门限外，可绝虫蚁。"先民采取石灰消杀毒虫，或以燃烧艾草、樟叶等特殊气味植物来熏除蚁虫。如今福建的长汀和清流一带还留存着惊蛰日"撒灰"习俗，除了在屋内角落、厨房、牛栏、猪圈、鸡舍等易滋生爬虫处，抛撒石灰以驱虫蚁外，抛撒方位还有着不同的寓意。譬如，撒在房门前是"拦门辟灾"；撒在院中，做大小不等的圆圈并象征性地放置一些五谷杂粮，祝祷丰年，称作"围仓"；撒在井栏边求风调雨顺，叫"引龙回"。

从南至北，中国驱虫的民间习俗与仪式很多，充满了民间智慧。民间的驱虫活动主要集中在以下三类：

一是饮食驱虫。如山东地区惊蛰日多在院内点火升灶，露天烙煎饼，据说可以熏烟驱虫。陕西地区必吃炒熟的豆子，用水泡过的豆子爆炒时发出的声响，就像虫子遇火发出的声音一样。山西北部惊蛰日要吃梨，"梨"谐音"离"，据说这样做可以让虫子早点离开庄稼地，保证庄稼丰收。在闽南地区，惊蛰日要在锅中煮毛芋子，俗称"炒虫炒豸"或"焖老鼠"。

二是借助工具驱虫。如惊蛰日，浙江宁波一带有"扫虫节"，农户们拿上扫把等工具举家出动，到田间地头去"扫虫"，嘴里还要念叨着将害虫一扫而空，意味着将危害庄稼的害虫全部扫除，以此仪式来祈福庄稼不被害虫所害，来年有个好收成。江苏等地有"照虫蜡"的习俗，在惊蛰前夕，点燃大年初一敬神祭祖的红烛，把家中里里外外照个遍，边照嘴里还要边念叨"惊蛰蚁虫，一照影无踪"，以此来驱除潜藏在家中角落里的蛰虫。在湖南和江西等地有"爆惊蛰"的习俗，老百姓在屋内燃放鞭炮，认为巨大的声响能让刚醒来还未恢复元气的蛰虫惊吓而死，而硫黄也正好有杀毒的功效。燃放之后，口中还要念念有词，"惊蛰惊蛰，爆得虫脚笔直"，故又被称为"惊蛰虫"。

三是采用图符驱虫。如湖北恩施与鄂西土家族有传统节日"射虫日"，于惊蛰前一日举行。土家人认为，每年惊蛰来临，冬天蛰伏的各类害虫将要复活，将危害庄稼，故在惊蛰前夕，即抢先用炭灰在地上画出弓箭形状，意为射尽害虫，免遭虫灾，以求丰收。此外，以剪纸、贴符、画葫芦等贴画符图的方式驱除虫蚁，也十分普遍。比如辽宁兴城，妇女们会在农历二月二与惊蛰日前后剪红纸为剪刀贴于墙壁，有引龙驱虫之意；在山西东南地区，人们习惯贴画葫芦于屋壁，以避百虫；在上海，人们会去蛇王庙请蛇王符。

而在苏州、常州地区曾流行一种"蜒蚰榜"的图签，约二寸宽、一尺长的红或黄色的纸条，上写"蜒蚰、蚂蚁、蟑螂、蜘蛛、蛇、蝎、蛀虫、壁虎、臭虫、白蚁一切诸虫皆入地"，之后，将纸条竖着倒贴在桌、床、椅、箱等家具之上。光绪三十年（1904）《常昭合志稿》载："二日，以白纸书条云：'二月二，诸虫蚂蚁直入地。'诸虫以下七字倒书，以朱笔竖之，名蜒蚰榜。贴于桌脚、床脚，以避虫蚁。"在张贴"蜒蚰榜"时，孩童还要在旁边唱道："贴上蜒蚰榜，害虫都死光。"

桃花红白玫瑰紫

惊蛰为干支历卯月（二月）的起始。卯，"冒"也，仲春之月，万物冒地而出。时至惊蛰，阳气上升、气温回暖、春雷乍动、雨水增多，万物生机盎然，所以卯月也是万物迸发能量的月份，一年春耕自此开始。农谚有云，到了惊蛰节，耕地不能歇。又云，惊蛰地化通，锄麦莫放松。惊蛰给予民众辛勤耕作的警醒，与此同时，惊蛰更激发了民众对大自然生命勃发的由衷歌颂与诗意向往。

惊蛰有三候：一候桃始华，二候仓庚鸣，三候鹰化为鸠。桃始华，指的是仲春之桃，始见《吕氏春秋·仲春纪》："仲春之月……始雨水，桃李华。"《礼记·月令》《逸周书·时训解》《淮南子·时则训》等对仲春桃花多有记载。《诗经》中"桃之夭夭，灼灼其华。之子于归，宜其室家"，以桃花喻新娘美丽的容颜，祝愿其婚姻美满。

在上海，观赏桃花的胜地是龙华。清王韬《瀛壖杂志》中曾记咸丰辛酉年间，龙华一带"皆种桃为业，一望霞明，如游武陵源里"。1874年7月14日《申报》曾载《沪南竹枝词》："遥指峻嶒塔影斜，踏青一路到龙华。碧桃满树刚三日，不为烧香为看花。"对龙华桃花胜景的描绘，还有清代沈禹忠的《龙华即景》："古塔巍峨夕照中，桃花十里逐云浓。闲情一片眠芳草，震耳时来古刹钟。"吴保泰的《游龙华看桃花》："红桃花发万千株，春满龙华信不诬。几度刘郎重到此，笑言移种自元都。"萧道管的《龙华镇看桃花》："龙华桃花十五里，桃花红白玫瑰紫。游人看花兼看人，马如游龙车如水。"去龙华，赏桃花，一度成为沪上闻名的民俗活动。

仓庚鸣，《诗经·豳风·七月》有："春日载阳，有鸣仓庚。"仓庚就是大家熟知的黄鹂，又叫黄莺。黄鹂似乎总能勾起人的相思，如唐人金昌绪的《伊州歌》："打起黄莺儿，莫教枝上啼。啼时惊妾梦，不得到辽西。"

鹰化为鸠，是说惊蛰节气，老鹰就变成了布谷鸟。鸠，即布谷鸟。惊蛰，老鹰躲了起来，去孵育小鹰，而布谷鸟则出来鸣叫求偶，看起来，就像是鹰变成了鸠，其实是两种生物生活习性不同。《礼记集说》曰："'化者，反归旧形之谓。'故鹰化为鸠，鸠复化为鹰。如田鼠化为鴽，则鴽又化为田鼠。若腐草为萤，雉为蜃，爵为蛤，皆不言化，是不再复本形者也。"古人认为，鹰在惊蛰化为鸠，鸠在秋天复化为鹰，这是"化"。而腐草可为萤火虫，萤火虫不能变成草，就不用"化"字，而用"为"字。

惊蛰节气，草木精神，万物萌动，一切生命终被春雷唤醒。惊蛰给予人最重要的启示，不正是要有生命的自觉与生长的勇气吗？

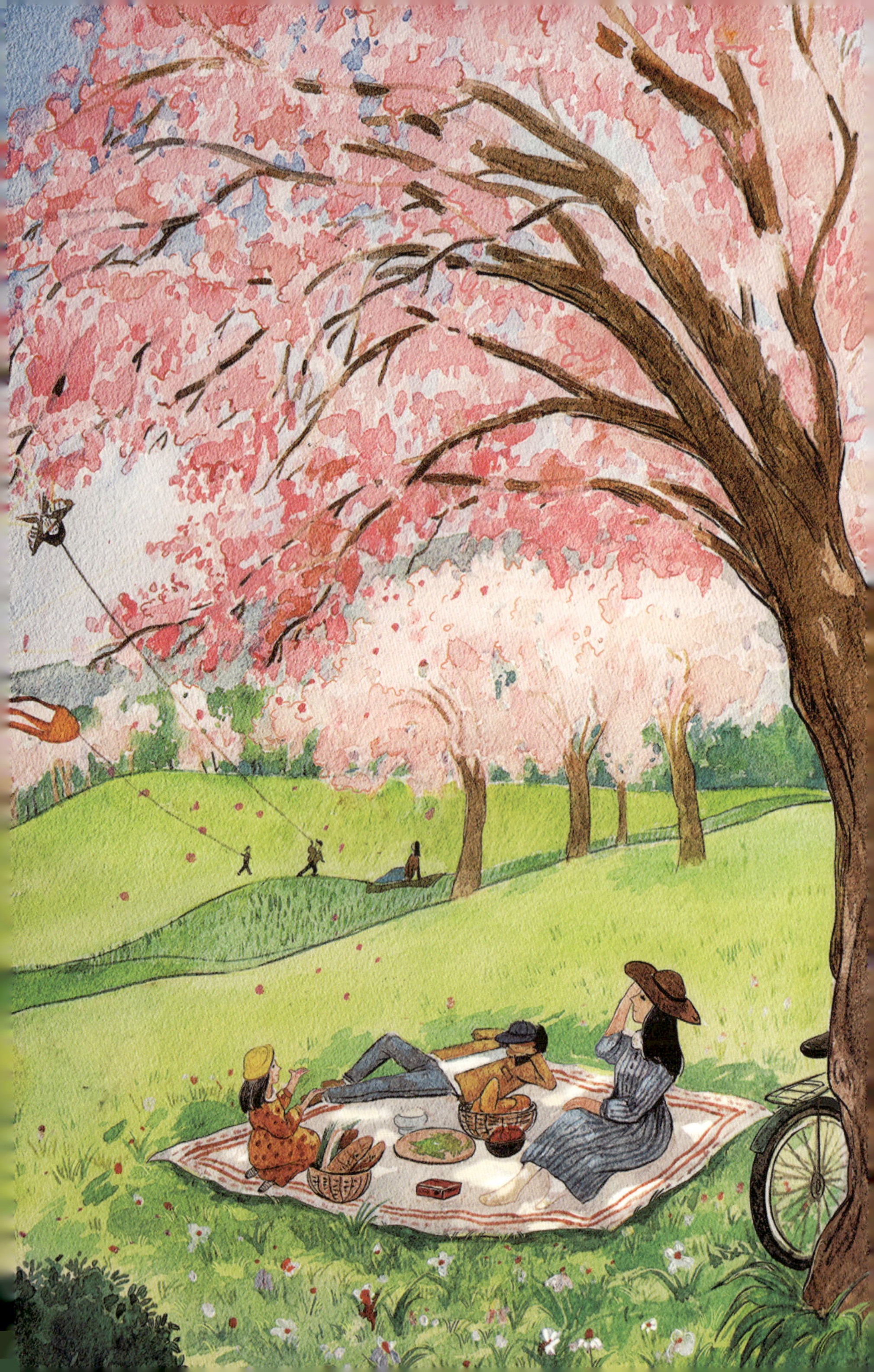

春分

文_郭 梅

每年公历3月20日或21日，为春分，是春季的第四个节气。春分和秋分一样，"昼夜均而寒暑平"，也因此被称为"日中"或"日夜分"。又因90天的春季在这一天恰好过去一半，春分还有"春半"的别名。

春分时节，"轻暖轻寒"，正是赏花赏春、育秧植树的好时候。春分祭日，乃古代的国之大典。在民间，竖蛋、送春牛、吃春菜和太阳糕等都是春分习俗。春分多雨，春雨酿春愁，从赏花惜春到春雨春愁，文人墨客，为这一节气笼上诗情画意。

春分分三候，一候玄鸟至，二候雷乃发声，三候始电。春分之后，燕子便从南方飞回来了，下雨时会伴随电闪雷鸣。唐人元稹的《春分二月中》："雨来看电影，云过听雷声。"活脱脱便是春分三候的唐诗版。

麦过春分昼夜忙

春分这一天太阳光直射赤道，地球各地的昼夜时间相等。春分之后，太阳从赤道向北移动，北半球的白昼越来越长，即所谓"吃了春分饭，一天长一线"，气温渐渐回升，万物复苏，越冬农作物开始生长。

换言之，春分是春耕的大忙阶段，故而农谚有春分麦起身，一刻值千金，又有二月惊蛰又春分，种树施肥耕地深，还有麦过春分昼夜忙。除此之外，农谚还往往提及种瓜植豆，如，春分前，好布田，春分后，好种豆；又如，春分有雨家家忙，先种瓜豆后插秧。另外，春分刮大风，刮到四月中，春分不冷清明冷等，则是预测天气的谚语。

春光明媚的春分时节正是育秧插秧、植树造林的好时候。明末清初大诗人宋琬《春日田家》诗云："野田黄雀自为群，山叟相过话旧闻。夜半饭牛呼妇起，明朝种树是春分。"夜半三更就起来喂牛，准备翌日春分种树，可见农户的辛苦，不过如此辛勤劳作都为的是金秋的丰收，主人公的情绪是昂扬向上的，诗歌的调子也是明朗旷达的。

春分要祭日，清人潘荣陛《帝京岁时纪胜》记载："春分祭日，秋分祭月，乃国之大典，士民不得擅祀。"而在民间，春分要吃春菜。所谓"春菜"即野苋菜，岭南人称作"春碧蒿"，与鱼片一同入汤，称"春汤"。俗语云："春汤灌脏，洗涤肝肠。阖家老少，平安健康。"

春分日，还要和元宵节一样吃汤圆，而且除了自己食用，还要煮一些不包心的汤圆，扦在竹叉上，再放到田间地头，引诱麻雀前来啄食，民间认为这样可以把麻雀的嘴粘住，它们就不会破坏农作物了，即"粘雀子嘴"。

我国大部分地区，如北京、天津、山东、浙江等地有春分酿酒的习俗，据说这天酿的酒特别甘醇浓香，且能令庄稼丰收。在山西陵川，春分日不仅要酿酒，还要用酒醴祭祀先民。

而食用太阳糕则是旧时北京十分流行的春分习俗。太阳糕是一种由大米和绵白糖制成的糕点，新上市时往往印有红色的太阳图案，生动可爱。春分时，天气回暖，适宜食用糯米、红枣等食物，此时吃太阳糕，既包含了人们对于美好生活的愿想，也符合养生原理。

另外，湖南安仁还有一项重要的春分民俗活动叫"赶分社"。有道是，药不到安仁不齐，药不到安仁不灵，郎中不到安仁不出名，有宋以降，每到春分，安仁都要开药市以纪念炎帝在当地制耒耜奠农工基础，尝百草开医药先河的功绩，并祈求丰收安康。"赶分社"分祭祀、交易、集会三个部分，春分那天是高潮。

春分还要送春牛图。二开红纸或黄纸印上全年的节气，再印上农夫耕田的图样，便是"春牛图"。送图人能言善歌，一家家去送，说唱些关于春耕和不违农时的俗语，还往往即兴发挥把听者逗乐，俗称"说春"，而说春人自然便是"春官"了。

而更为人熟知的春分习俗是踏青赏春、荡秋千和竖蛋。好不容易脱下厚重的冬装，走在骀荡的春风里，踏踏青、荡荡秋千确实是再惬意不过的了。可为什么说"春分到，蛋儿俏"，要玩竖蛋呢？据说，春分这天昼夜平分，万物也处于力的微妙平衡之中，因此，这一天被认为是将蛋竖立起来最容易的时刻。

春分雨脚落声微

春分前后往往多雨,文字学家徐铉就喜着笔于春雨:"天将小雨交春半,谁见枝头花历乱。"(《偷声木兰花》)"春分雨脚落声微,柳岸斜风带客归。"(《七绝》)无不笔姿轻倩,清新可喜。

大文豪苏轼也曾写道:"雪入春分省见稀,半开桃李不胜威。应惭落地梅花识,却作漫天柳絮飞。不分东君专节物,故将新巧发阴机。从今造物尤难料,更暖须留御腊衣。"(《癸丑春分后雪》)春分后的雪让刚刚绽蕊的桃杏和刚刚脱下寒衣的人们都禁受不起,坡仙笔底非常写实。

而宋元间诗人方回曾因春半久雨不晴而意兴阑珊,居然一个多月不洗澡梳头,高卧不起:"月余不浴不梳头,垢服埃巾独倚楼。万古事销闲里醉,一年春向雨中休。天时才暖又还冷,人世少欢多是愁。治乱无穷如纠缠,华山高卧最为优。"(《春半久雨走笔五首》其一)

而若是终于盼来了丽日晴空,人们自然胸怀舒展、心情舒畅,如金人完颜璹《春半喜晴》诗云:"阴寒二月雪含云,两日开晴淑景新。借问海棠红几许?杏花杨柳不曾春。"

春分,正如南宋词人赵长卿《点绛唇》所言:"轻暖轻寒,赏花天气春将半。"

自古文人多忧思,春意越浓,越容易引起愁人之愁怀愁思,更何况春分时节春已过半,正值惜春情绪较浓时。

唐人权德舆《二月二十七日社兼春分端居有怀简所思者》诗云:"清昼开帘坐,风光处处生。看花诗思发,对酒客愁轻。社日双飞燕,春分百啭莺。所思终不见,还是一含情。"徐铉常有诗词写春分，如："仲春初四日，春色正中分。绿野徘徊月，晴天断续云。燕飞犹个个，花落已纷纷。思妇高楼晚，歌声不可闻。"（《春分日》）清婉灵秀，含蓄质朴，颇具《古诗十九首》的气韵。北宋欧阳修《踏莎行》词云："雨霁风光，春分天气，千花百卉争明媚。画梁新燕一双双，玉笼鹦鹉愁孤睡。　薛荔依墙，莓苔满地，青楼几处歌声丽。蓦然旧事上心来，无言敛皱眉山翠。"杜安世《少年游》词则云："小楼归燕又黄昏，寂寞锁高门。轻风细雨，惜花天气，相次过春分。　画堂无绪，初燃绛蜡，罗帐掩余薰。多情不解怨王孙，任薄幸、一从君。"

四人都是描花绘燕，满纸大好春光，又油然而生春愁——不管新愁旧愁，总教人借酒浇愁，皱了眉头。

而且，春愁总是和春雨联系在一起，我很喜欢明末清初江南才女徐灿的一首《卜算子》："小雨做春愁，愁到眉边住。道是愁心春带来，春又来何处？　屈指算花期，转眼花归去。也拟花前学惜春，春去花无据。"作品朗朗上口，明白晓畅，以雨写愁，以愁摹雨，春雨春愁浑然莫辨，但亦不失俊赏蕴藉。徐灿还有一阕《如梦令》："花似离颜红少，梅学愁心酸早。生怕子规声，啼绿庭前芳草。春老，春老，几树垂杨还袅。"词句流丽，笔姿秀倩，大有易安居士之风。

春，在人们心目中总是代表着新鲜和美好，可惜，走得最急的总是最美的时光，从初春到春分，春天恰好过去一半，仿佛只是一眨眼，于是，"春半"成为重要的创作母题，佳作车载斗量。

如李后主的《清平乐》："别来春半，触目愁肠断……离恨恰如春草，更行更远还生。"据说此词作于北宋乾德四年（966），当时其弟从善入宋久不得归,李煜思念日深,乃有此千古名篇。

又如五代冯延巳的《阮郎归》:"南园春半踏青时,风和闻马嘶。青梅如豆柳如丝,日长蝴蝶飞。　花露重,草烟低,人家帘幕垂。秋千慵困解罗衣,画梁双燕归。"只见青梅结子,蝴蝶飞舞,芳春已过半,游春少妇秋千戏罢,罗衣轻解,忽闻双燕呢喃,更觉人单燕双,情何以堪?!怅惘幽怨,情致幽微。

又如晚唐杜牧的《村行》:"春半南阳西,柔桑过村坞。娉娉垂柳风,点点回塘雨。蓑唱牧牛儿,篱窥蒨裙女。半湿解征衫,主人馈鸡黍。"作者村行遇雨,只得到村民家中躲避,主人淳朴热情,客人心情愉悦。当然,这首诗最可爱的是第三联"蓑唱牧牛儿,篱窥蒨裙女",兼用倒装和拟人,动词亦鲜活逼真,将微雨中的山村春景描摹得十分生动。

杜牧还有一首《惜春》,从"春半年已除"说起,感慨"谁为驻东流,年年长在手",则不仅是伤春惜春,亦有光阴如水盛年不再的喟叹了。

清初无锡女曲家顾贞立,有一套写春半的北曲,细致地描述她在明艳的春色里,情不自禁濡墨渲毫:一宵好梦,到朝来却见雨洗庭花分外娇,而雨霁后明媚可爱的阳光又照进深闺与她作伴。作品音韵轻柔和谐,女主人公在春日里的慵懒、悠闲和翰墨雅事都随着她的好心情留在了纸面上。当时的女曲评家王端淑誉之为"笔姿秀倩,宜出闺人口吻",其最后一支是〔驻马听〕:"宿雨朝烟,露浥胭脂红数点。闲庭寂寞,惜花人起梦尤淹。傍妆台几度懒临鸾,整凌波款步青苔藓。笑嫣然,看朝阳一朵春光绽。"呀,"看朝阳一朵春光绽",多么蓬勃、葱茏的春日心情啊!

顾贞立的弟弟顾贞观亦有一阕强调莫负春光的《柳梢青·花

朝春分》："乍展芭蕉。欲眠杨柳，微谢樱桃。谁把春光，平分一半，最惜今朝。　　花前倍觉无聊。任冷落、珠钿翠翘。趁取春光，还留一半，莫负今朝。"

可惜，在命途多舛的才人笔下，更多的却是惜春送春的惆怅——南宋杭州女诗人朱淑真婚姻颇不如意，春愁满纸，挥之不去，在其《断肠词》里随处可见这样的句子。"满院落花帘不卷，断肠芳草远"（《谒金门·春半》）、"午窗睡起莺声巧，何处唤春愁？绿杨影里，海棠亭畔，红杏梢头"（《眼儿媚》），最著名的则是"独行独坐，独倡独酬还独卧。伫立伤神，无奈春寒著摸人"（《减字木兰花·春怨》）。也许正因如此，87版《红楼梦》电视剧编剧匠心独运，安排苦命的香菱在生命的最后时刻捧读一册朱淑真的《断肠集》，这细节虽不见于原著，但委实妥帖，颇见巧思。

而李清照那阕著名的《如梦令》写的也是春半："试问卷帘人，却道海棠依旧。知否，知否？应是绿肥红瘦。"——雨疏风骤之后，绿肥红瘦，连那春容春意也一并瘦尽，叫人叹惋不已。李清照落笔委实妙极，后世女子步武者甚众，如"卷帘无语对南山，已觉绿肥红浅"（朱淑真《西江月·春半》）、"怅昨夜雨疏，今朝风骤，落花小径，飞絮平池"（吴藻《风流子》）。

总之，春半的雨在文人眼中轻盈、朗润，是和煦春日里最诗意精致的点缀，却也往往因春光流逝而染上了忧伤与惆怅——在春分这一颇耐人寻味的时间节点上，人们一边享受春回大地，意兴盎然，一边则因春日将逝而倍感幽怨感伤。

红楼巧撰冷香丸

古典名著《红楼梦》堪称节令宝典,对春分自然也有奇思妙构。其中最为人熟知的首推薛宝钗的冷香丸。

在书的第七回《送宫花周瑞叹英莲 谈肄业秦钟结宝玉》中,宝钗因"胎里带来一股热毒"而常备冷香丸。这冷香丸的方子,药料一概都有限,只难得"可巧"二字:"要春天开的白牡丹花蕊十二两,夏天开的白荷花蕊十二两,秋天的白芙蓉蕊十二两,冬天的白梅花蕊十二两。将这四样花蕊,于次年春分这日晒干,和在末药一处,一齐研好。又要雨水这日的雨水十二钱。""白露这日的露水十二钱,霜降这日的霜十二钱,小雪这日的雪十二钱,把这四样水调匀,和了丸药,再加十二钱蜂蜜、十二钱白糖,丸成龙眼大的丸子,盛在旧磁坛内,埋在花根底下。"一旦发了病,就拿出来一丸,用一钱二分黄檗煎汤服用。

四种白色鲜花的花蕊在春分这日晒干,再用节气当日的雨露霜雪调和,炮制如此繁难的药品,显然和著名的红楼美食"茄鲞"一样,出于曹公的精心杜撰——茄鲞无疑是形式大于内容,而冷香丸更是"碎拆下来不成片段"的"七宝楼台",并无实际的药理依据。

当然,这并非精通医道的曹雪芹的失误。正如脂砚斋所言:"历着炎凉,知着甘苦,虽离别亦自能安,故名曰'冷香丸'。又以为香可冷得,天下一切无不可冷者。"冷香丸正是艺术源于生活而高于生活的绝妙产物。假如《红楼梦》一本正经地告诉读者,春分时节饮食应讲究,调其阴阳,不足则补,有余则泻,不妨多食用蔬菜水果以补充冬季体内维生素和矿物质的消耗,那他就不是文章圣手曹公雪芹了。

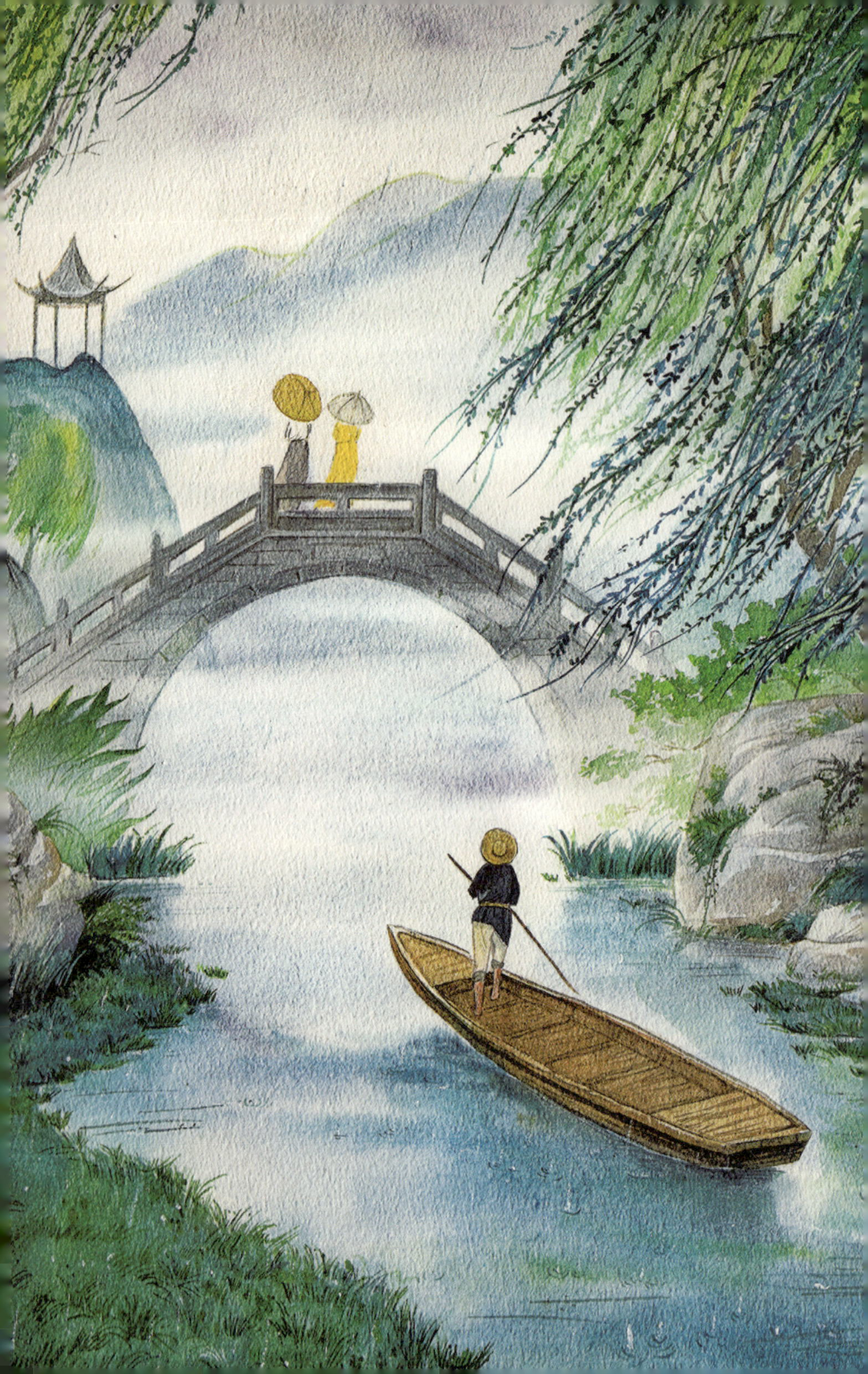

清明

文_管尔东

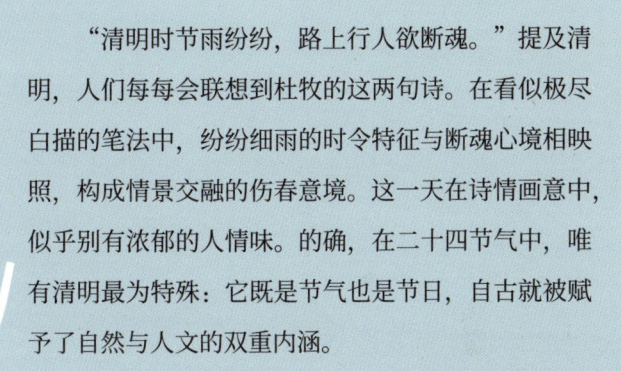

"清明时节雨纷纷，路上行人欲断魂。"提及清明，人们每每会联想到杜牧的这两句诗。在看似极尽白描的笔法中，纷纷细雨的时令特征与断魂心境相映照，构成情景交融的伤春意境。这一天在诗情画意中，似乎别有浓郁的人情味。的确，在二十四节气中，唯有清明最为特殊：它既是节气也是节日，自古就被赋予了自然与人文的双重内涵。

清明最初只具有节气的含义，反映的是太阳运行位置与天气、动植物生长的关系。它在二十四节气中排列第五，当太阳黄经达15°时，便是清明的交节点，大致在每年公历4月4日、5日或6日。早在西汉，《淮南子·天文训》就记载："春分后十五日，斗指乙，为清明风至。"《岁时广记》则解释了"清明"

二字的来历:"清明者,谓物生清净明洁。"在这个时令,大江南北寒意尽褪、雨水增多,适宜于高粱、玉米、棉花等各种农作物的萌芽和生长,所以很多地区都呈现春耕大忙的景象。在民间,不少农谚就记录了此时耕种、养殖的具体内容:"雨打清明前,洼地好种田。""清明前后,点瓜种豆。""植树造林,莫过清明。""清明麦子蹿三节。""清明雨星星,一棵高粱打一升。""明前茶,两片芽。""清明节,命蚕妾,治蚕室。"清明节气的三候是:桐始华,田鼠化为鴽,虹始见。白桐,又称泡桐,在清明节气开始开花。田鼠因天气回暖,纷纷躲回洞穴以避烈日,鴽(rú)是鹌鹑一类的鸟,则在此时出来活动。天空中的彩虹也开始出现。

清明·寒食·上巳

清明节不仅是节气,还融合了寒食节与上巳节两个节日,清明节既有天地明净的景色,又有慎终追远、踏青寻春的节日习俗。

寒食节,又称禁烟节、冷节,一般在清明前的一两天。传说它源自一段悲伤的历史故事:晋文公误将介子推母子焚死于绵山,于是下令在子推的忌日,家家禁火,只吃寒食,寄托哀思。在唐代,人们常常将寒食节祭扫坟墓的习俗延至清明。朝廷顺从民意,规定寒食、清明一起放假。唐代曾明文规定:"自今已后,寒食通清明,休假五日。"但禁止娱乐活动:"或寒食上墓,复为欢乐。坐对松槚,曾无戚容。既玷风猷,并宜禁断。"(《唐会要》)宋代的《文昌杂录》也载:"祠部休假,岁凡七十有六日,元日、寒食、冬至各七日。"可见,清明放假着实是沾了寒食的光。这一天因不生火而寒,思故人成哀,还时常让人产生贫穷困窘、有志难酬一类的联想。孟云卿的《寒食》就是这种心境的流露:"二月江南花满枝,他乡寒食远堪悲。贫居往往无烟火,不独明朝为子推。"李清照更是把寒食节黯然神伤的冷色调渲染得淋漓尽致:"萧条庭院,又斜风细雨,重门须闭。宠柳娇花寒食近,种种恼人天气。险韵诗成,扶头酒醒,别是闲滋味。征鸿过尽,万千心事难寄。"(《念奴娇·春情》)

上巳节,也叫重三、三月三、女儿节。古时以农历三月上旬巳日为"上巳",魏晋以后改为农历的三月初三。与寒食"死亡""悼念"的主题相反,在《诗经》里,上巳节已有男女在水滨祭祀、祓禊(fú xì)、相会欢合的习俗,它甚至被视作中国最早的情人节。在上古时期,人们将柳枝或花瓣上的露水洒在身上，或者直接到河畔沐浴，期盼借此除病祛邪、消灾免难。宋代张君房的《云笈七签》曾记载："每岁三月三日蚕市之辰，远近之人祈乞嗣息。"古代给未出阁的姑娘举办成人礼也大多定于此日。"三月三日天气新，长安水边多丽人"（杜甫《丽人行》），桃红柳绿的阳春三月，众人集聚于溪边池畔，这自然能为青年男女的相识、定情创造良机，上巳节逐渐衍生出踏春郊游、野餐酒会，以及插柳、扑蝶、放风筝、荡秋千、蹴鞠等节令活动。在白居易的笔下，上巳节就极尽觥筹交错、莺歌燕舞的欢悦："赐欢仍许醉，此会兴如何。翰苑主恩重，曲江春意多。花低羞艳妓，莺散让清歌。共道升平乐，元和胜永和。"（《上巳日恩赐曲江宴会即事》）明代的陈迪祥更是将终成眷属的良缘寄托于此："芳辰娱禊事，兰气见同心。共约乘槎去，天香若可寻。"（《上巳泛江采兰》）因此，这个节日俨然一派欢愉甜美的暖色调。

　　寒食、上巳与清明的时间邻近，某些年份甚至还有重合的可能。又因扫墓祭祖、游春踏青与水边沐浴均属户外活动，彼此并不矛盾。因此从唐朝以降，两个节日与一个节气就逐渐开始融合。北宋时的清明等三节并举相沿成习："士庶阗塞诸门，纸马铺皆于当街用纸衮叠成楼阁之状。四野如市，往往就芳树之下，或园囿之间，罗列杯盘，互相劝酬。都城之歌儿舞女，遍满园亭，抵暮而归。各携枣锢、炊饼、黄胖、掉刀，名花异果，山亭戏具，鸭卵鸡刍，谓之'门外土仪'。轿子即以杨柳杂花装簇顶上，四垂遮映。自此三日，皆出城上坟。"（孟元老《东京梦华录》）明清以后，上巳节不再是节日，寒食节也基本消亡。

春城无处不飞花

苏东坡曾赞曰："正是一年春好、近清明。"（《南歌子·晚春》）林徽因也把最美好的情感比作"人间四月天"。此时天地明净、暖风和煦、山青水绿、烟雨如织，自是赏心悦目的天然画卷。而且较之于惊蛰和春分的繁花似锦、姹紫嫣红，清明的蒙蒙细雨、落英缤纷，让春意减了些轻狂、华丽，多了点成熟与颓然。然而，这种别样的美所勾起的心境却每每大相径庭：失意人倍感惆怅，多情郎尤恋桃花，窈窕女对镜自怜，垂老者追忆芳华，贤孝子眷念双亲，亡国臣怀古泪洒。其中的悲欢离合、酸甜苦辣尽显人世百态与浮生如梦。

在历代诗词中，描写春景的佳句不胜枚举："梁燕语多惊晓睡，银屏一半堆香被。"（欧阳修《蝶恋花》）"日暮笙歌收拾去，万株杨柳属流莺。"（吴惟信《苏堤清明即事》）"春城无处不飞花，寒食东风御柳斜。"（韩翃《寒食》）由家国情怀所催生的感慨则更为激昂："满衣血泪与尘埃，乱后还乡亦可哀。风雨梨花寒食过，几家坟上子孙来？"（高启《送陈秀才归沙上省墓》）"北极怀明主，南溟作逐臣。故园肠断处，日夜柳条新。"（宋之问《途中寒食题黄梅临江驿寄崔融》）由于寒食、上巳一悲一喜、生死关联，此时文人对生命价值的拷问也变得格外透彻："惆怅东栏一株雪，人生看得几清明。"（苏轼《和孔密州五绝·其三》）"共君且饮酒一斗，处世不必歌七哀。孙刘事业果何在，百年断石生莓苔。"（萨都剌《同克明曹生清明日登北固山和韵》）所谓字由心生、文如其人，正因为清明能勾起各种不同的思绪，这个日子也就显得格外具有诗意。

正因为暮春的美含蓄、清妍，清明之情炽烈且多元，由此所催生的文艺作品不仅数量众多，且别具诗情画意和人生至境。在中国古代的绘画作品中，春景、春意是十分常见的主题。现存最古老的山水画即隋代展子虔的《游春图》。在以后历代的经典画作中，春天的美被描绘得尤为生动。仅以游春为题的古画就有：张萱的《虢国夫人游春图》、赵喦的《八达游春图》、马远的《山径春行图》、胡廷晖的《春山泛舟图》、王振鹏的《驭马踏青图》、戴进的《春酣图》、周臣的《春山游骑图》、仇英的《春游晚归图》等。它们虽多未注明具体的时日，但游春、踏青本就是清明的重要习俗，描绘此时风景者自不在少数。

另外，有些画家还选择将清明节的特色活动入画。其中较具代表性的有：唐代的《祭扫》《内宴冷餐》，宋代的《担酒上坟》，元代胡廷晖的《宋太祖蹴鞠图》，清代冷枚的《荡秋千》、陈枚的《月曼清游图·杨柳荡千》，近代齐白石的《春瑀纸鸢图》等。这些作品不仅以春色为景，还细致描摹了具体情境中人物的动作和表情，极具声情并茂、跃然纸上的灵动感。至于久负盛名的《清明上河图》是否表现清明节前后的汴梁，学术界尚存争议。然而，画中轿上插柳、祭品售卖、王家纸马等细节与当令民俗毫不冲突，甚至与宋代《东京梦华录·清明节》的描写十分吻合。可见，对于历代画家而言，清明尤具魅力：它是良辰美景，也是生动民风，更是借景抒情的窗口。

与具象的画图相比，用文辞描摹的节令往往更为主观和空灵。当这些美文佳句诉诸笔墨，在纸上呈现出另一种诗意。在中国的书法艺术中，因清明而成就的经典同样不在少数，其中最具代表性的莫过于古代十大行书中的《兰亭集序》和《寒食帖》。

它们都写于暮春时候，且与清明的习俗、心境直接关联。《兰亭集序》被历代书家所推崇，有"书圣神品"之美誉，仅后世名家的摹本就不下几十种。其原文记载："暮春之初，会于会稽山阴之兰亭，修禊事也。群贤毕至，少长咸集……引以为流觞曲水，列坐其次。虽无丝竹管弦之盛，一觞一咏，亦足以畅叙幽情。"书写此序本就源于上巳节临水宴饮的风俗。王羲之不仅记录了他与好友在溪边饮酒、赋诗的情境，也因醺醺醉意成就了浑然天成之绝笔。据说当雅集告终、酒醒之后，作者曾多次重书此帖，神采却总不及即兴而成的原作。这幅行书被唐太宗誉为"尽善尽美"，实则多处涂改、貌似草稿，但情景交融、兴致满满、有感而发，让单纯的书写技巧变为了心声的自然流露。文采与笔墨一体，当下欢愉和人生感悟相照应，自有一派天真烂漫与神采飞扬。

同为中国行书的巅峰之作，《寒食帖》所呈现的是清明另一种生命体验。元丰三年（1080），苏轼因"乌台诗案"负屈含冤、九死一生，后又被贬黄州，贫困潦倒。恰逢寒食节，看到淫雨霏霏、海棠凋零、乌鸦衔纸的凄凉情景，作者惆怅、孤独之感倍增，遂赋诗二首。由于书写时内心跌宕、情绪高涨，这幅书法尽显笔法自然、酣畅淋漓之美。尤其写到"君门深九重，坟墓在万里。也拟哭途穷，死灰吹不起"时，苏东坡的运笔一改最初的内敛、持重，变得豪迈而天真。浓墨重按似欲将笔根压折，字迹歪斜又像悲愤不能自已。这种貌似出格的随性挥洒，写出了劫后余生、报国无门、尽孝不能的真实心境。因此，乾隆在跋文中赞曰："倾倒已极。所谓无意于佳乃佳者。"黄庭坚甚至认为："此书兼颜鲁公、杨少师、李西台笔意，试使东坡复为之，未必及此。"可见，因寒食而起的特殊心境和笔意同样难以复制。此外，与清明相关的书法佳作还有：黄庭坚的《花气薰人帖》、米芾的行草书《乐兄帖》、唐寅的行书《落花诗册》等。

祭日戏里春意浓

清明还为许多古典小说、戏曲提供了情境。在这一天，人们大多外出活动，即使到了今天，湘西等地还有专为未婚青年举办的对歌集会（挑葱会）。因此，才子佳人自然有更多偶遇的机会，随后的爱恨情仇就此能够拉开序幕。诸如《逞风流王焕百花亭》《人面桃花》《风筝误》《白蛇传》等爱情故事均由清明而起。在《聊斋志异》、"三言两拍"等小说中，此类创作手法则更为普遍。《神女》《青凤》《海大鱼》《一窟鬼癫道人除怪》等二十余篇，都用上坟来渲染气氛，展开人、妖故事。有时，这一天的习俗还被作者用来突显人物性格或家族的盛衰。《红楼梦》借藕官烧纸，所写的是贾宝玉的离经叛道、体恤下人。元杂剧《杀狗劝夫》仅以坟前作乐一事，就把孙荣的放浪形骸表现得淋漓尽致。《金瓶梅》用两次祭扫坟茔的不同排场，来反衬西门家的昔盛今衰。在这些经典文本中，节令习俗所蕴含的传统文化同样具有较高的文学价值。

"三月三，拜轩辕。"农历三月初三恰值轩辕黄帝生日，每年，海内外的炎黄子孙齐聚河南新郑，参加黄帝故里拜祖大典，恭拜中华人文始祖轩辕黄帝。作为国务院公布的国家级非物质文化遗产项目，拜祖大典的九项仪程尤为引人注目：盛世礼炮、敬献花篮、净手上香、行施拜礼、恭读拜文、高唱颂歌、乐舞敬拜、祈福中华、天地人和。在山东、湖北、浙江等地还有演祭祖戏、菩萨戏的习俗。这些演出大多由家族集资，族人共赏，借此表达对后代子孙高中、升迁、荣归的企盼。因此，民间的清明戏并不都是死亡、哀怨的题旨，相反时常蕴含枯木逢春、否极泰来等吉祥的寓意。例如：《打侄上坟》（又名《状元谱》）中的陈大官本是个吃喝嫖赌的败家子，但主动给父母上坟即说明他良心未泯，所以最终浪子回头、高中状元；《小上坟》（又名《丑荣归》）表面上体现小寡妇祭夫的悲戚，实则最终表现的还是升官荣归、夫妻团圆的情节。这些剧目不仅反映了民间朴素的伦理和愿望，也契合清明生死相依、喜忧参半的节令特征。

一年一清明，节令的含义约定俗成、代代延续，但这一天的心境、意蕴和格调更多缘于每个人自身。黄庭坚有诗云："佳节清明桃李笑，野田荒垄只生愁。雷惊天地龙蛇蛰，雨足郊原草木柔。人乞祭余骄妾妇，士甘焚死不公侯。贤愚千载知谁是，满眼蓬蒿共一丘。"（《清明》）正是形形色色的人生体验，赋予清明极为丰富的内涵，也孕育了大量优秀的文艺作品。

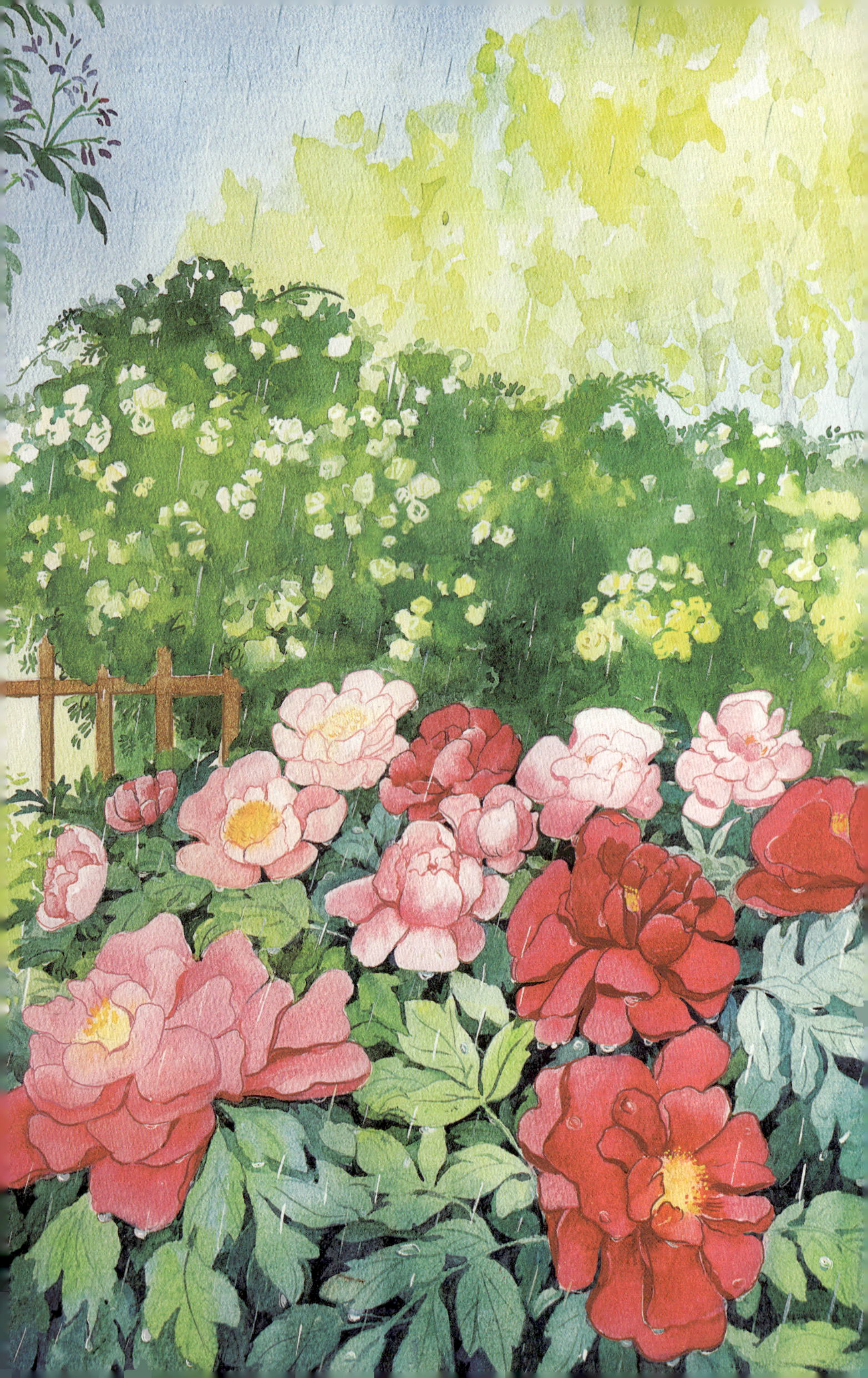

谷雨

文_江隐龙

当太阳到达黄经30°，也就是每年公历4月19日、20日或21日，谷雨交节。

大约没有哪个节气比谷雨有着更具神话色彩的起源传说了。据《淮南子·本经训》载："昔者仓颉作书，而天雨粟，鬼夜哭。"仓颉创造汉字之举惊动了天地，以至于出现了天降粟谷如雨下的奇观，后人遂将这一天定为"谷雨节"，用以纪念仓颉这位"文字始祖"。"清明祭黄帝，谷雨祭仓颉。"在陕西白水，每逢谷雨节气，仍会举行祭祀仓颉的仪式。在仓颉墓的西门刻了一副对联："雨粟当年感天帝，同文永世配桥陵。"上联便源于《淮南子》中的典故。

"雨粟当年感天帝"，对于天帝是否因被仓颉功劳感动而雨粟，东汉学者高诱有不同的理解，他为

《淮南子》作注云："天知其将饿，故为雨粟。鬼恐为书文所劾，故夜哭也。"注解大意是，老天知道仓颉造字会导致人心虚伪，人们会因尔虞我诈而饿肚子，于是下了一场谷子雨；而鬼在夜里哭泣当然也不是出于感动，而是文字的出现使鬼无法隐遁身形而陷入惊惧。

　　《淮南子》中的奇诡传说固然不足为凭，但文字与谷雨之间，却隐隐有一丝联系。文字的出现，使人类终于从神话时代过渡到文化昌盛的信史时代。而谷雨的到来，让人们从蛰伏隐忍的春天步入五谷百果的夏季。人类最初的文字镌刻着文明进阶时的年轮，而谷雨这一节气，浓缩着季节更迭时的纹理。

谷得雨而生，花竟则立夏

"天雨粟，鬼夜哭"的神话不足为据，"谷雨"二字的正解自然还要到人间寻求。《管子·四时》云："时雨乃降，五谷百果乃登。"所谓"谷雨"，当取"雨生百谷"之意。元人吴澄编的《月令七十二候集解》中载："三月中，自雨水后，土膏脉动，今又雨其谷于水也。"吴澄指出此处"雨"当念去声，作动词使用，侧重于降雨这一动作——其实不妨将雨视为兼类词，既指下雨的过程，也能指雨本身，由此，明人王象晋所著《二如亭群芳谱》中"谷雨，谷得雨而生也"，也便熨帖起来。

在传统社会，雨是影响农业生产最重要的自然现象之一。为此，自秦汉时代起，中国便确立了严密的雨泽奏报制度，以预测和核实从各地收集到的生产和粮价信息。从这个角度来看，将气候称为"雨候"也不为过。不同农时人们对雨有着不同的感情，顺时应势的雨是好雨、喜雨，遁天妄行的雨就成了淫雨、孽雨。所谓"清明宜晴，谷雨宜雨"，谷雨时节，降雨量明显增多，这对谷物的生长极为有利。因此，"谷雨"之"雨"，正是知时节的好雨。

谷雨之名充满吉祥寓意，谷雨的三候饱含着生命力。

谷雨第一候是萍始生。萍即浮萍，这种漂浮植物因流水而四处漂泊，聚散不定，由此衍生出"萍水相逢"这一成语——而萍与水的相逢，便发生在谷雨。同时，谷雨时节也上演着一场花与风的离别。二十四番花信风的最后一个风信就是谷雨三候楝（liàn）花的。谷雨之后，"江南四月无风信"，风便再也送不来花开的消息。

徐锴《岁时记·春日》有言："三月花开，名'花信风'。"所谓"花信风"，最初便特指农历三月百花盛开时的风信；北宋后，花信风扩展到春季六气十八候，以梅花风信为首、以楝花风信为尾；及至明初，花信风已经涵盖了小寒至谷雨四月八气二十四候。无论哪一个版本，花信风的终点没有变，那便是谷雨时节。

谷雨三种花信分别是牡丹、酴醾（tú mí）、楝花，都暗含着暮春的伤感。牡丹高贵庄重，谷雨前后三天正当其怒放之时，民谚有"谷雨三朝看牡丹"之说，牡丹也因此有了"谷雨花"的雅称。不过，任其如何雍容华贵，到了辛弃疾笔下，终究还是成了"只恐牡丹留不住，与春约束分明"（《临江仙》）的喟叹。酴醾的花语是末路之美，象征了分离和悲伤，苏轼诗云："酴醾不争春，寂寞开最晚。"（《杜沂游武昌以酴醾花菩萨泉见饷二首》其一）《红楼梦》也曾借酴醾的花名签"韶华胜极"预示贾府的衰败。楝花名气虽小，却也别有一番意趣，日本清少纳言在《枕草子》中说："树木的样子虽然是难看，楝树的花却是很有意思的，像是枯槁了的花似的，开着很别致的花。"

生在谷雨时节，三朵花的命运注定要沾染上别离之情。正如明人王逵《蠡海集·气候类》所言："花竟则立夏矣。"谷雨之后，花季结束，再往后便是夏日的"绿阴芳草长亭"。

谷雨第二、三候都与鸟有关。第二候是鸣鸠拂其羽，即布谷鸟梳理它的羽毛。鸠即布谷，其叫声近似于"布谷"，在古人眼中，这是在提醒人们及时播种谷子，莫耽误农时。谷雨第三候，是戴胜降于桑。戴胜鸣叫时羽冠起伏，因与古时女子头上戴着春胜的样子相似而得名。戴胜不去别处，却偏偏降落在桑树上，就像布谷催耕一样,它是在勉励人们采桑养蚕。

谷雨三候中有两候为鸟,非但谷雨如此,七十二候中涉及鸟的有二十二个,纵跨十四个节气,贯穿春夏秋冬,只是像谷雨的布谷和戴胜一般连续急着劝课农桑的,倒是绝无仅有了。

种棉禁蝎,百鱼近岸

所谓"清明断雪,谷雨断霜",谷雨时节寒潮日渐退去,天气日渐温暖,一年当中的第一场大雨往往便出现在这一时期。此时正值夏始春余,恰恰又是初插秧苗和新种作物急需雨水滋润的时期,因此降下的雨水尤其为人所喜。俗语有云:"雨生百谷,时雨将至。"这里的"时雨",指的不是忽降忽止的急雨,而是应时而至的及时雨。《水浒传》中的宋江乐善好施,江湖人称"及时雨",须知宋江只有一个,谷雨之雨却是年年如期而至,由此看来,谷雨那是比宋江的善心还要暖人心脾的存在了。

关于谷雨期间春忙的谚语不少,比如,谷雨前,好种棉,又如,谷雨不种花,心头像蟹爬,再如,清明谷雨紧相连,早稻地区种秧田……在布谷和戴胜的催促下,人们手上的活计开始繁忙起来。毕竟是最初的播种,农人们坚持着属于自己的朴素。有些地方有吃发糕的习俗,寓意稻种芽壮根"发";有些地方则吃豆芽菜,寓意稻种下地有根有"芽"。在浙江衢州,人们还会在播种后将柳条插入秧田的进水口,直到拔秧时才拔去,意在"留"秧。

除了水稻与棉花种植,采桑育蚕也进入了忙碌阶段。与农田旁鸡犬相闻的热闹不同,蚕农们却进入了"家家闭户,不相往来"的状态。一来蚕需要蚕娘时刻守护,养蚕人自然无暇串门;二来蚕生来娇贵,关闭蚕室有利于防治传染病害。在重要的蚕乡,谷雨期间甚至会为了养蚕大计推迟科考、断案、捉盗等公事。嘉庆年间《余杭县志》记载:"遇蚕月,邻里水火不相借,至蚕熟茧成,始相问慰,点茶为乐。"这一习俗,民间称之为"关蚕门"。

有阳光的地方就有阴影。谷雨给田间的农作物带来了复苏的希望,同时也给经过漫长蛰伏的毒虫带来了喘息之机。农谚有云:"谷雨三月半,蝎子有千万。""雄鸡唱一遍,蝎子不见面。"当然只是农人们的美好期望,谷雨之后的病虫害却是现实生活中不得不面对的威胁。蛰伏的毒虫除了蝎子,还有蜈蚣、蟾蜍、蛇和壁虎等,这些高度危险的生物被合称为"五毒",谷雨节流行禁杀五毒的习俗。

为了抑制虫害,各地的农人想尽了办法。穿五毒衣、挂五毒符、吃五毒饼……据《青齐风俗记》记载,山东农人"谷雨日画五毒符,图蝎子、蜈蚣、虺、蛇、蜂蠍之状,各画一针刺之,刊布家户,以禳虫毒"。谷雨当日山西农人会在墙上贴"谷雨禁蝎",灶神位则贴上"谷雨鸡",再配以禁蝎咒语,咒语也浅显易懂:"谷雨日,谷雨晨,茶三盏酒三巡,逆蝎千里化为尘。"安徽部分地区的农村还发展出了极具地方民俗色彩的谷雨画,其中最著名的如《单鸡衔蝎》《双鸡衔蝎》《鸡报平安》……因为能克蝎子,鸡始终是画里的明星。

如果说土地上的农人们在谷雨时节还算喜忧参半,那对于漂泊在海上的渔民们来说,谷雨便是绝对的庆典。渔民们相信"鱼鸟不失信",每年一到谷雨,休息了一冬的渔民便纷纷整理渔网,扬帆出海捕鱼,新一年的劳作也就正式拉开帷幕了。

这当然不是巧合。谷雨时节，春汛水暖，黄海、渤海一带的鱼虾遵循着洄游规律从深海涌至海岸，渤海湾的浅滩遍布泥沼，海草丰美，恰又适合鱼类繁殖，于是一到谷雨，近海便成了天然的鱼仓，渔民们说"过了谷雨，百鱼近岸"，就是这个道理。

　　如此重要的时间节点，当然要配以隆重的祭祀活动。在山东半岛的不少地方，如荣成、龙口等地，一直保留着祭海仪式，流程大同小异：年轻渔民在年长渔民的指导下抬着"猪头三牲"，带着香案纸烛，鞭炮齐鸣、锣鼓喧天地赶到龙王庙向海龙王献祭，在祈求新的一年鱼虾满舱后宣布开海。

　　谷雨之后，鱼汛期大约能持续一个月，这时节海里的鱼群陆续登岸，岸上的鱼市也热闹非凡。自此之后直到小满，各类鱼基本齐全，渔民所谓"小满鱼齐"一说，意思是过了小满便没什么大的鱼群，可以渐渐歇网了。相比一年四季的时长，渔民们这段嘉年华时间并不算长，于是谷雨这个起点就显得尤其重要。年长的渔民常教导年轻人"别拿谷雨当小满"，言下之意，便是谷雨正是鱼多时节，可不能像小满一样"三天打鱼两天晒网"——否则，便要错过捕捞的好时节了。

诗写梅花月，茶煎谷雨春

　　农人、渔夫的谷雨被挥洒在土地和大海上，文人墨客的谷雨则被渲染在茶与诗中。

　　江南多绿茶。各地依开采时间的不同分为春、夏、秋三茶，其中以春茶的品质和口感最好。春茶中的佳品，古人有"明前茶"和"雨前茶"之谓：前者是清明前采的茶，芽叶细嫩，色清香绝，一向被视为茶中上品；后者是清明至谷雨前采的茶，滋味鲜浓而耐泡，别具韵味。若再熬到立夏，茶叶便粗老到不堪入口，所谓"茶到立夏一夜粗"了。

不过，春茶是不是一过谷雨便神采俱损，倒是值得商讨的问题。明人许次纾在《茶疏》中说道："清明太早，立夏太迟，谷雨前后，其时适中。"稀缺的明前茶并不足贵，在许次纾眼中，谷雨前后产的茶性情温凉，有祛火、明目、除湿的功效，当属真正的极品。许次纾的说法，在"谷雨谷雨，采茶对雨"这一民谚中也得到印证。谷雨是采茶的好时节，此时雨量充沛、温度适宜，茶树经过一季的休养生息，芽与叶均肥硕翠绿，正是收获的时候。老到的茶农还要讲究，说用谷雨这天上午采的新鲜茶叶制成的干茶，才是真正的谷雨茶。

茶的芽与叶在不同的采摘时间节点上形态各异，古人对此极为讲究。初长了一枝单芽的，称为"莲心"；"莲心"经过生长后抽出一片嫩叶，叶如旗、芽如枪，就唤作"旗枪"；若再抽出一片叶，两片叶如鸟雀之喙，就成了"雀舌"；叶子再继续长，芽所占的比重更小，就最终长成了"鹰爪"。"莲心"过早，茶味太淡；"旗枪""雀舌"口感舒适，鲜香怡人；"鹰爪"已是茶中下品，价值不大。清明、谷雨所产之茶多"旗枪""雀舌"，自然广受茶客们的青睐了。由此看来，清明茶、谷雨茶本也没必要分得太明白，清明茶与谷雨茶都是一年之中的佳品，又何必一定要拼出高下呢？古代文人喜欢在"阳春三月试新茶"，清明、谷雨品茗，各有各的滋味。

茶在树干上是叶与芽，一入文人口便又成了诗。如黄庚在《对客》中所写的那样："诗写梅花月，茶煎谷雨春。"自茶道兴盛以来文人墨客多嗜茶，他们对于谷雨茶的偏爱之情，自唐至清，皆可于诗词之中信手拈来，不胜枚举。

晚唐时期著名的诗僧、茶人齐己存世茶诗十三首，其中最出名的要数《谢中上人寄茶》，写的便是谷雨茶："春山谷雨前，并手摘芳烟。绿嫩难盈笼，清和易晚天。且招邻院客，试煮落花泉。地远劳相寄，无来又隔年。"唐宋时期，茶客对沏茶所用之水的要求极高，好茶非要用特定地方的泉、井、江水不可，《谢中上人寄茶》中美如绿烟的谷雨茶，自然也只有落花泉水才般配。这种茶极为珍贵，哪怕是见多识广的齐己也要请友人遥寄，不然就只能再隔一年才能品尝了。

宋代"梅妻鹤子"的林和靖，隐居西湖，结庐孤山，却躲不开谷雨茶的诱惑。他在《尝茶次寄越僧灵皎》前两联写道："白云峰下两枪新，腻绿长鲜谷雨春。静试恰看湖上雪，对尝兼忆剡中人。"宋代所饮之茶与当代不同，是用茶粉点成的茶末，林和靖面前的谷雨茶点成后如湖上积雪，令诗人不由自主回忆起剡中的友人，这一盏谷雨茶里隐藏了多少人间烟火，却只有诗人自知了。

明代唐伯虎三笑点秋香的典故家喻户晓，其实点秋香是假，点谷雨茶却是真。唐寅有一卷行书七律诗轴《谷雨》纸本流传至今，诗写得风流秀丽："千金良夜万金花，占尽东风有几家。门里主人能好事，手中杯酒不须赊。碧纱笼罩层层翠，紫竹支持叠叠霞。新乐调成胡蝶曲，低檐将散蜜蜂衙。清明争插西河柳，谷雨初来阳羡茶。二美四难俱备足，晨鸡欢笑到昏鸦。"为唐伯虎所推崇的阳羡茶大有来头：这种茶产于江苏宜兴，以汤清、味醇而誉满天下，有"天子未尝阳羡茶，百草不敢先开花"之称。茶农炒成茶后以太湖旁顾渚山的金沙泉水冲泡，再盛在宜兴紫砂壶中，怎一个"三绝"（即宜兴的紫砂壶、金沙泉和阳羡茶）了得？

清代名列"扬州八怪"的郑板桥以狂放不羁、藐视权贵著称，六十岁时曾自撰寿联一副，其中写道："但得温饱就好，稍有羡余更佳。"而谷雨茶，无疑是郑板桥"羡余"中不可或缺的组成部分。他在《谷雨》中写道："不风不雨正晴和，翠竹亭亭好节柯。最爱晚凉佳客至，一壶新茗泡松萝。几枝新叶萧萧竹，数笔横皴淡淡山。正好清明连谷雨，一杯香茗坐其间。"清明已过，临近谷雨，怎么能不来盏香茗呢？纵然如郑板桥这样的怪人，还是要煎谷雨茶，才觉不负年华。

岁月公平地行经世上的每一小方天地，而谷雨却能在不同的角落投射下不同的纹理。若套用张岱《湖心亭看雪》中名句"天与云与山与水，上下一白"，此时的人间风景便是：鸟与花与耕与渔与茶与诗，天地一谷雨。

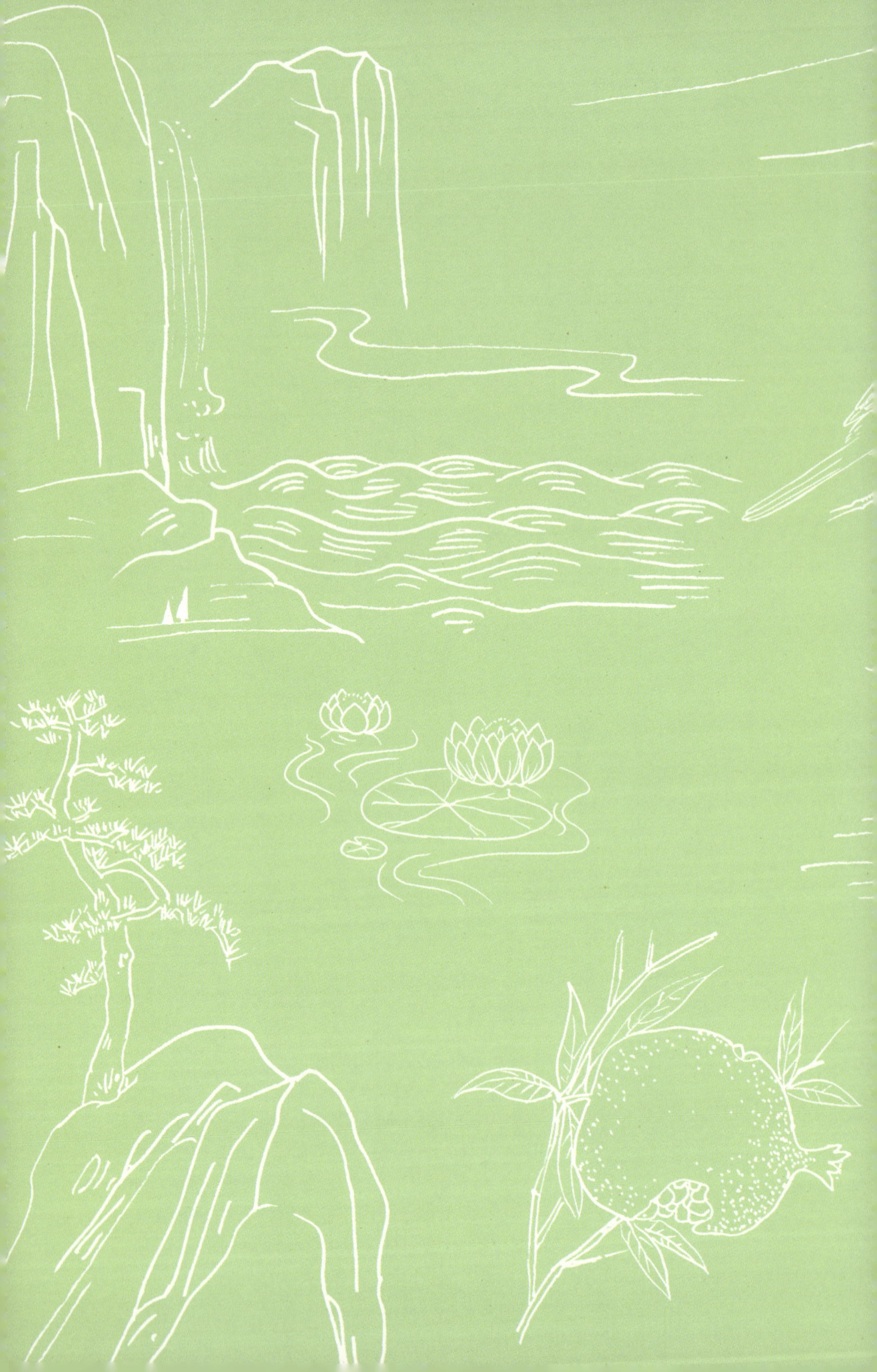

Summer 夏

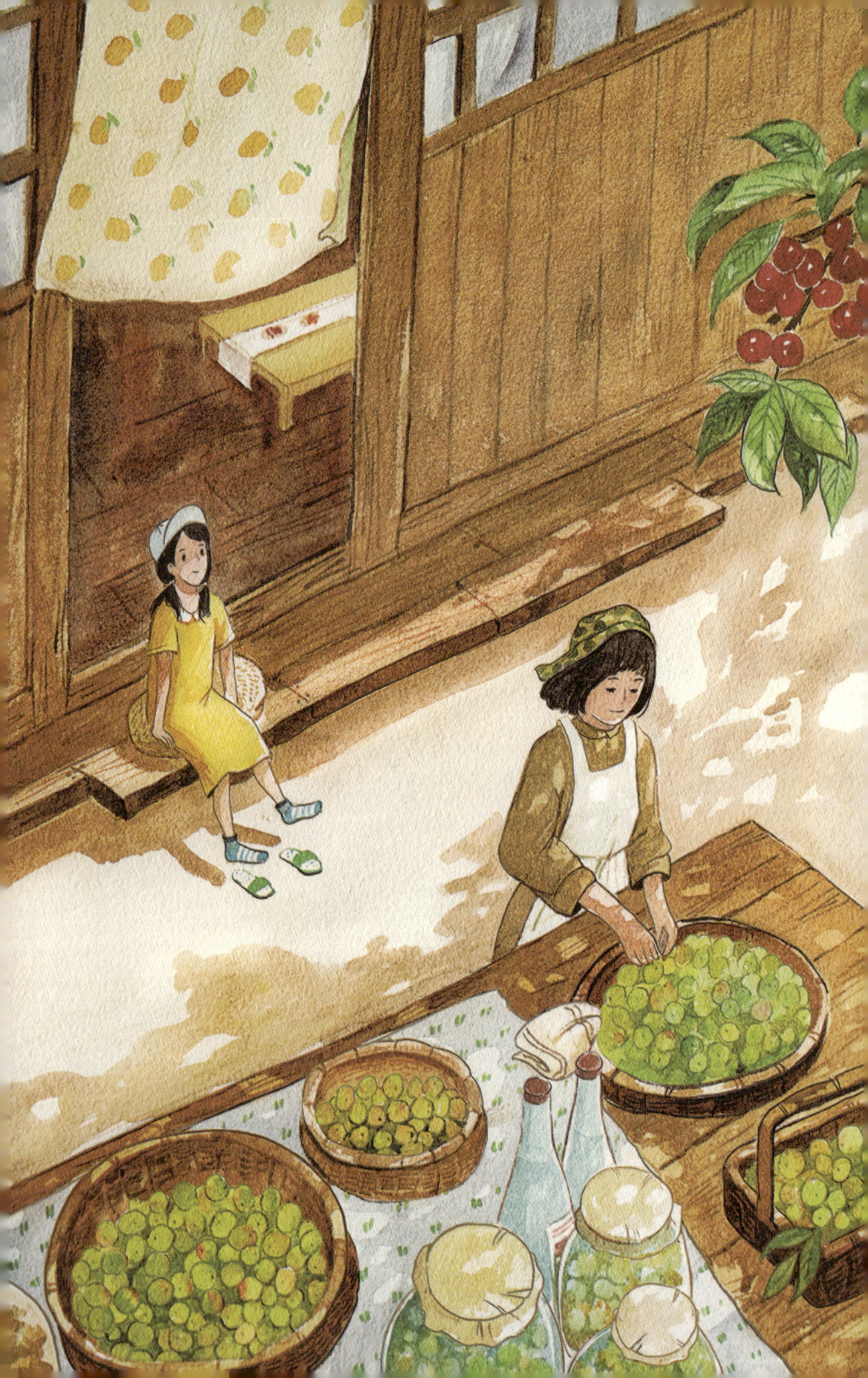

立夏

文_程 鹏

　　立夏，是二十四节气中的第七个节气，也是夏季的第一个节气。立夏，表示夏季之始。"立"是"开始""到来"的意思。《月令七十二候集解》中云："立，建始也。"并曰："立夏，四月节。立字解见春。夏，假也，物至此时皆假大也。"可知，立夏俗称四月节。

　　在天文学上，立夏于每年公历5月5日、6日或7日交节，太阳运行到黄经45°，夜晚北斗星的斗柄指向天巳位（古人称为巽的方向，即东南方）。《孝经纬》云："斗指东南，维为立夏。"又云："谷雨后十五日，斗指巽，为立夏。"

　　立夏，是告别春天、迎来夏日的转折点，此时，万物生长迅速。立夏后，日照增加，温度逐渐升高，雷雨增多，万物进入茁壮成长阶段。立夏三候分别是：初候，蝼蝈鸣；二候，蚯蚓出；三候，王瓜生。随着温度升高，阳气渐长，蝼蝈开始鸣叫，蚯蚓也渐渐从地里爬出来，王瓜等藤蔓类植物也在这一时节快速攀爬生长。

"欲知春与夏，仲吕启朱明。蚯蚓谁教出，王苽（gū）自合生。帘蚕呈茧样，林鸟哺雏声。渐觉云峰好，徐徐带雨行。"唐人元稹的《咏廿四气诗·立夏四月节》就生动描写了立夏时节的景物。

迎夏之典

立夏早在战国末年就已被确立为节气。作为夏季的开端，立夏一直深受人们重视。立夏日，古人举行各种迎夏典礼，迎接夏天的到来。"天子春朝日，秋夕月。朝日以朝，夕月以夕。"（《汉书·武帝纪》）古代的君王，在四时八节各有礼制，均为国之大典。冬至祭天于南郊，夏至祭地于北郊，春分朝日于东郊，秋分夕月于西郊。四时亦有迎气之礼，即：立春，迎春祀青帝于东郊；立夏，迎夏祀赤帝于南郊；立秋，迎秋祀白帝于西郊；立冬，迎冬祀黑帝于北郊。帝王的迎夏仪典，以岁序配五行，以人礼合天时，极为隆重。《礼记·月令》云："天子居明堂左个，乘朱路，驾赤骝〔马〕，载赤旂，衣朱衣，服赤玉，食菽与鸡，其器高以粗。是月也，以立夏。先立夏三日，大史谒之天子曰：'某日立夏，盛德在火。'天子乃齐。立夏之日，天子亲帅三公、九卿、大夫以迎夏于南郊。还反，行赏，封诸侯，庆赐遂行，无不欣说。"《后汉书·祭祀志》载："立夏之日，迎夏于南郊，祭赤帝祝融。车旗服饰皆赤。歌《朱明》，八佾舞《云翘》之舞。"从这些古籍文献中，可以得知：立夏当日，天子亲率公卿、大夫到南郊迎夏。不仅身着朱色礼服，佩带朱色玉饰，还乘坐赤色马匹和朱红色的车舆，连车旗也是朱红色的。这种迎气仪式，依从时令，根据夏季时令火德盛行的性质，仪式中的礼服、配饰、车马、旗帜都是朱红色的。这种朱赤基调的迎夏仪式，反映了先民顺天应时的天人信仰。

唐宋时期，岳镇海渎之祀也与四时联系起来。《旧唐书·礼仪志》载："五岳、四镇、四海、四渎，年别一祭，各以五郊迎气日祭之。……其牲皆用太牢，笾、豆各四。祀官以当界都督刺史充。"《宋史·礼志》则记载:"立夏日祀南岳衡山于衡州、南镇会稽山于越州、南海于广州、江渎于成都府。"这些隆重而繁复的礼仪,不仅反映了古人的世界观,也体现出古人对立夏这一节气的重视。

看夏之谚

立夏时节,温度升高,漫山遍野草木茂盛葱郁,一片生机勃勃、绿意盎然的景象。明代高濂所撰《遵生八笺·四时调摄笺·夏》一书中曰:"孟夏之月,天地始交,万物并秀。"对于以农耕为主的中国人来说,立夏是重要的时间节点,是农民安排农事生产的重要参照依据。因此,在各地诞生了许多与立夏相关的农事谚语。当然,我国幅员辽阔,同一节气,不同的地区气温可能会有很大的差别,相应的农事活动和农谚也有较大差异,但是无论江南还是华北,农民朋友都有自己要着手忙碌的农事作业,也都有着对五谷丰登的美好期望。

立夏气温升高,降水增多,非常适宜农作物的播种和生长,因此,田间劳作也日益繁忙。一些相关的农谚如"立夏前后,种瓜点豆""立夏芝麻小满谷""立夏种麻,七股八杈""季节到立夏,先种黍子后种麻""清明秫(shú)秫谷雨花,立夏前后栽地瓜"等,反映了立夏前后可以栽种的农作物繁多,所以有"立夏乱种田"的农谚。

除了播种,此时农作物的管理也非常重要。温暖湿润的天气,不仅有利于农作物的生长,也让杂草长得越来越快,所以除草也成为这一时期的重要任务。故民间有"立夏三天遍地锄"的说法。

还有此时昆虫生长繁殖较多,病虫灾害的防治也必不可少。所以又有"小麦开花虫长大,消灭幼虫于立夏"的农谚。

立夏前后,华北、西北等地气温回升很快,但降水不多,天气干燥和土壤干旱严重影响作物生长,所以适时灌水抗旱也是立夏时节的重要农事,故民间有"立夏麦咧嘴,不能缺了水"之说。

此外,民间还常以立夏的阴晴测一年的收成,认为立夏有雨则庄稼长势好,就会有好收成,故民谚有"立夏不下,旱到麦罢""立夏不下雨,犁耙高挂起""立夏无雨,碓头无米"之说。其实,立夏时节,夏收作物进入生长后期,冬小麦扬花灌浆,油菜接近成熟,夏收作物年景基本定局,上半年的收成皆由此时的生长状况而定,故有"立夏看夏"之说。

赐冰之制

立夏之后,天气开始炎热,在没有空调、冰箱的古代,人们很早就学会了将冰块冬藏夏用,不仅可以用作降温消暑,还可以制作冷饮冷食。然而古代采冰、制冰、运冰、藏冰耗时费力且条件苛刻,只有朝廷和达官显贵可以做到,所以夏日之冰也成为珍贵之物,朝廷往往在夏日以冰颁赐官员。据《周礼·天官·凌人》记载:"夏颁冰,掌事。"郑玄注:"暑气盛,王以冰颁赐,则主为之。"可见早在周朝之时,已有赐冰的制度。而随着岁时的演进,"赐冰"逐渐成为立夏之日的一种习俗。唐宋时期,就有皇帝立夏赐冰的习俗。韦应物《夏冰歌》云:"九天含露未销铄,阊阖初开赐贵人。"北宋史学家刘攽《末伏》诗曰:"每岁长安犹暑热,内官相属赐冰回。"明人刘侗在《帝京景物略》中也记载:"立夏日启冰,赐文武大臣。"可见在明代，于立夏日挖出冬天窖存的冰块分赐给文武官员已经成为一项传统。清代，朝廷赐冰则是通过印发冰票的方式，富察敦崇的《燕京岁时记》记载："京师自暑伏日起，至立秋日止，各衙门例有赐冰。届时由工部颁给冰票，自行领取，多寡不同，各有等差。"

在民间，唐代已经出现私家藏冰的冰商，他们自己挖冰窖、冰井来藏冰，等到夏日再售卖，价格昂贵，正如《云仙杂记》所云"长安冰雪，至夏月则价等金璧"，可见远非普通百姓可以享受之物。宋明之际，私人藏冰渐多，并出现冰饮。《帝京景物略》载："立夏日启冰……编氓（指老百姓）得卖买，手二铜盏叠之，其声磕磕，曰'冰盏'。"可见老百姓虽然没有实现"冰块自由"，但在立夏日这天已有喝冰饮的习俗。清人让廉的《春明岁时琐记》也记载："（立夏日）市中敲铜盏卖梅汤者，与卖西瓜者铿聒远近。"炎炎夏日，来一杯冰凉的饮品，可以说是这一时节最好的享受。

饯春之食

作为春夏之交的节气，立夏为迎夏之首，末春之垂，亦称"春尽日"。人们感念春光消逝，未免有惜春的伤感，故备酒食为春送行，名为饯春。吴藕汀《立夏》诗云："无可奈何春去也，且将樱笋饯春归。"立夏送走春天，又迎来夏季，这一时节是许多动植物长大成熟的季节，所以许多地方还有尝新的节日活动。如苏州有"立夏见三新"之谚，三新为樱桃、青梅、麦子，人们先用这三新来祭祖，然后分而尝食。在无锡等地，有"立夏尝三鲜"的习俗，三鲜又分地三鲜、树三鲜、水三鲜。在常熟，尝新食材更为丰盛，有"九荤十三素"之说，九荤为鲫鱼、卤虾等，十三素包括樱桃、梅子、笋、蚕豆等蔬菜水果。杭州人立夏则有吃"三烧、五腊、九时新"的习俗。三烧指烧饼、烧鹅、烧酒，五腊指黄鱼、腊肉、盐蛋、海狮、清明狗，九时新指樱桃、梅子、鲥鱼、蚕豆、苋菜、黄豆笋、玫瑰花、乌饭糕、莴苣笋。

在上海，人们在立夏日也会食用樱桃、蚕豆等时令食品。清代乾隆年间流传下来的《瀛洲竹枝词一百首》中，就有这样的描写："樱珠梅子乍含酸，立夏轻风麦秀寒。觅得螺蛳青壳蛋，摊粞寒豆共盘餐。"描绘了立夏时节，崇明人民喜欢吃的多种时令美食。此外，上海人民还喜欢在立夏日吃草头饼，记录清代上海风俗的《沪城岁时衢歌》中说："立夏日，赶农时，迎立夏，剪野菜，有所谓草子头者。磨末作粞，入草子头煎之，味甚香脆，名'摊粞'。"清人秦荣光的《上海县竹枝词》中有云："麦蚕吃罢吃摊粞，一味金花菜割畦。"

江浙一带还有吃立夏饭的习俗，杭州一般是吃用乌饭树叶煮糯米做成的乌米饭，宁波一带则吃用赤豆、黄豆、黑豆、青豆、绿豆等五色豆拌白粳米煮成的五色饭。而北方许多地区此时正是小麦登场的时候，会有制作与食用面食如夏饼或面饼的习俗，意在庆祝小麦丰收。老北京在立夏时讲究吃面，不仅有"入夏面，新上天"的俗谚，还会用清明柳穿的面点，煎作小儿食品。

此外，一些地区还有立夏喝驻色酒的习俗，此酒是将李子榨汁混入酒中而成，因传说能保持容颜美好而得名，有开胃、解暑之功效，深受女性喜爱。明代陶宗仪所著的《说郛》卷三十一记载:"立夏日,俗尚啖李,时人语曰:'立夏得食李,能令颜色美。'故是日妇女作李会,取李汁和酒饮之,谓之驻色酒。"据《蒲松龄著作佚存·驻色酒》记载,古代齐鲁地区的妇女就有立夏饮驻色酒之习俗。

  立夏时节,许多地方有饮立夏茶的习俗。江浙地区的立夏茶,又称"七家茶",相传源于宋朝,据《梦粱录》等文献记载,当时南宋都城临安的居民每逢佳节或有新搬迁来的居民,邻里间会有赠茶或齐聚饮茶的风俗。明代杭州文人田汝成的《西湖游览志余》卷二十记载:"立夏之日,人家各烹新茶,配以诸色细果,馈送亲戚比邻,谓之七家茶。"清人陈灿的诗句:"钱塘立夏斗纷华,忙煞青帘卖酒家。腊窖开生邀客饮,不须更吃七家茶。"也提到了杭州立夏日饮"七家茶"的习俗。立夏饮"七家茶"不仅可以让邻里关系更加和睦,而且据说有预防疰(zhù)夏之功效。钱思元的《吴门补乘》一书中就有"立夏饮七家茶,免疰夏"之说。江西一带也有立夏饮茶的习俗,并有"不饮立夏茶,一夏苦难缠"的说法。而大理白族自治州鹤庆县的白族在立夏时也有喝立夏茶的习俗,并从立夏开始一直持续整个夏季。这种风味独特且具有保健功能的茶饮,是白族民众在炎热夏季提神补气、防病治病的良方。

  各地立夏食俗虽然有所差异,但都寄托了人们的美好心愿。春夏之交,人们惜春饯春,迎夏尝新,用新鲜的时令蔬菜水果满足口腹之欲。同时,人们又为即将到来的炎热夏季做准备,以形补形,养精蓄锐,希望可以平安度过炎夏,所以才会有立夏日"吃蛋拄心,吃笋拄腿,吃豆拄眼"的说法。

挂蛋之俗

立夏吃蛋也是这一节气重要的习俗，俗谚"立夏吃蛋，石头都踩烂"，是说立夏时吃蛋可以增强体质、预防疰夏。随着炎热夏季的到来，人们会有疲劳乏力、厌食消瘦等症状，俗称"疰夏"。小孩子更容易疰夏，所以人们会在立夏日，将煮好的鸡蛋用冷水浸上数分钟后套上编织好的丝网袋，挂于孩子颈上，以祈求孩子在夏季健康成长。俗谚有云"立夏胸挂蛋，孩子不疰夏""立夏胸挂蛋，孩子保平安"。

胸前挂上蛋的孩子们还会三三两两围在一起玩斗蛋。蛋有两端，尖者为头，圆者为尾。斗蛋时蛋头斗蛋头，蛋尾击蛋尾。一个一个斗过去，破者认输，最后决出胜负。蛋头胜者为第一，蛋称大王；蛋尾胜者为第二，蛋称小王或二王。

此外，立夏还有称人的习俗，相传立夏过秤可免疰夏不消瘦。秦荣光的《上海县竹枝词》中描写立夏风俗之句"立夏称人轻重数，秤悬梁上笑喧闻"，就生动描绘了这一习俗。古时尚未有今日之体重秤，需要在横梁上挂一杆大秤，大人双手拉住秤钩、两足悬空称体重；孩童则坐在箩筐内称体重。若体重增加，则称"发福"；若体重减轻，则谓"消肉"。

这些有趣的习俗，反映了人们对平安度过夏季的期望。春夏之交的立夏节气，可以说是一个"阈限期"，无论是古时的迎夏仪式，还是流传至今的饯春尝新之俗，都是为了让人们顺利过渡到夏季。在这万物茁壮成长的时节，人们通过各种仪式和习俗，祈愿在未来繁忙的劳作中可以身体康健。

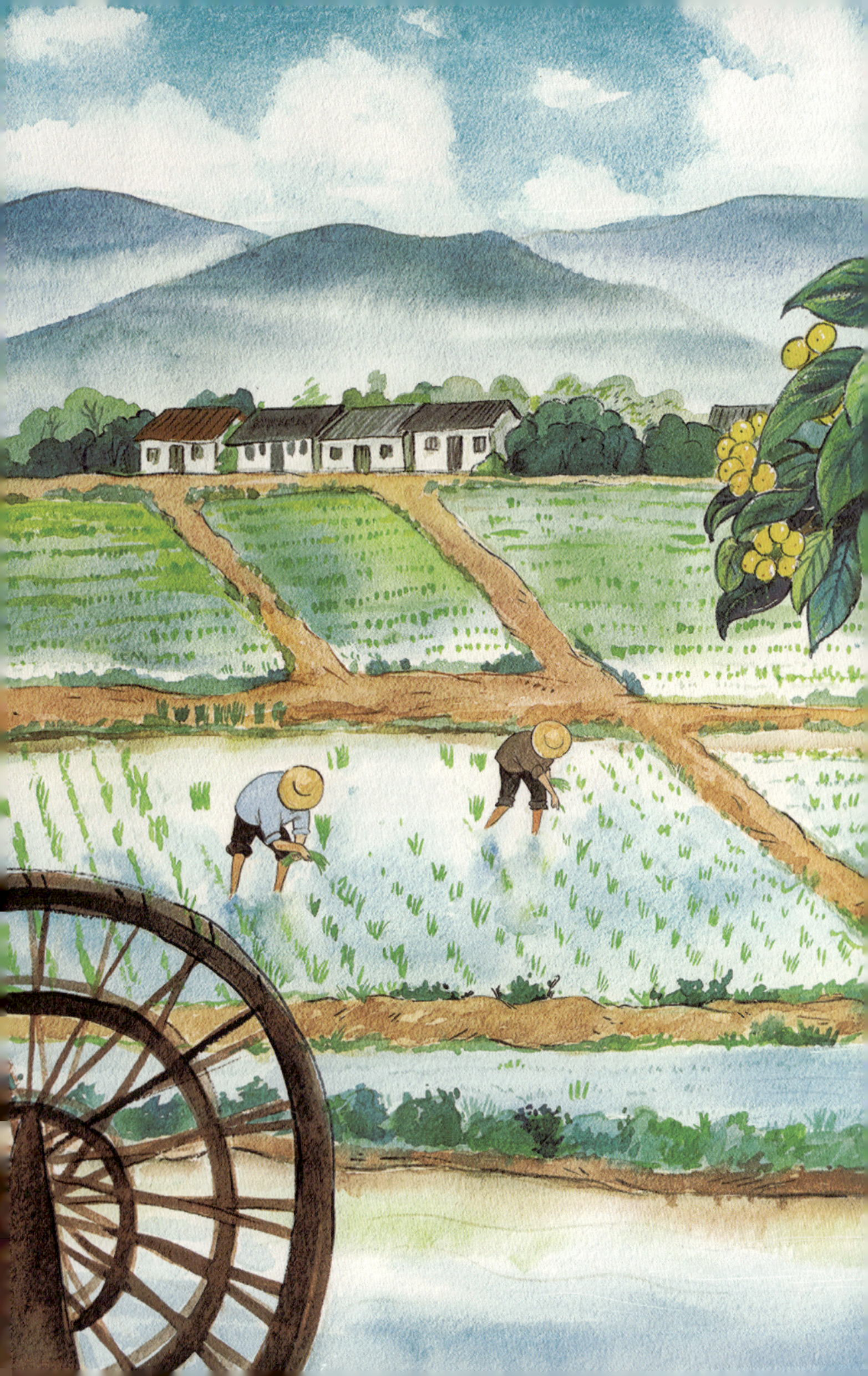

小满

文_郭 梅

小满，也许是二十四节气中最具文艺气息和哲理意味的。它指的是我国的夏熟作物自南而北开始灌浆饱满，但还未完全成熟，尚不能收割。不过，丰收已在望，喜悦已在心头微漾。名之曰"小满"，是大圆满、大完满之前奏的意思，透着睿智和淡定，是东方人的智慧。我们中国人讲究花看半开酒饮微醺，也许正因如此，所以二十四节气里虽有小雪和大雪、小暑和大暑，两两对应，但并没有大满与小满对应。

小满，是自然之道，也是人生哲理：小得盈满，将满未满之际，未来一切均可期。小满，是一丝意蕴无穷的留白，是一种人生彻悟的境界，更是一份大智慧和大自在。

蚕熟麦秋天

每年公历5月20日、21日或22日,太阳到达黄经60°,就是二十四节气中夏季的第二个节气小满。古人将小满分为三候:一候苦菜秀,二候靡草死,三候麦秋至。每年小满后,苦菜已枝繁叶茂,而一些枝条柔软又不喜光的草类植物因光照日渐强烈而慢慢枯萎之后,麦子开始成熟。《月令七十二候集解》云:"小满者,物至于此小得盈满也。"农谚有云:"小满小满,麦粒渐满。""麦到小满日夜黄。"说的就是小满时节麦子灌浆的物候现象。而"小满不满,芒种开镰"和"小满麦渐黄,夏至稻花香"则说的是小满之后可喜可贺的丰收就指日可待了。但这个时节天气多变,要保证丰收,还需加强麦田虫害的防治和预防干热风、雷雨大风的突然袭击。南方地区还有农谚云:"秧奔小满谷奔秋。""立夏小满正栽秧。""小满不满,芒种不管。"小满正是适宜栽插水稻秧苗的时节,如小满时雨水不充足,到芒种就无法栽插水稻了。明末何吾驺在其《落第南还晚泊黄牛村》里描写归途所见:"新凉牛犊归桑薄,小满人家割麦田。"而北宋文豪欧阳修《小满》诗曰:"夜莺啼绿柳,皓月醒长空。最爱垄头麦,迎风笑落红。"南宋诗人巩丰《晨征》诗曰:"静观群动亦劳哉,岂独吾为旅食催。鸡唱未圆天已晓,蛙鸣初散雨还来。清和入序殊无暑,小满先时政有雷。酒贱茶饶新面熟,不妨乘兴且徘徊。"对小满时节清和美好景象的描写,满怀着与农家同乐的惬意与欢快。正如欧阳修在其《归田四时乐春夏二首·其二》里所云:"田家此乐知者谁?我独知之归不早。"

"映水黄梅多半老,邻家蚕熟麦秋天。"(元淮《小满》)

小满也是江南蚕乡妇女们最忙碌的日子。中国农耕文化讲究男耕女织，其中女织的原料，在北方以棉花为主，南方就是蚕丝了。蚕丝需靠养蚕结茧抽丝而得，养蚕很不容易，因此古人常在小满放蚕时节举行祈蚕仪式，以求好年景。栽桑养蚕给江南百姓带来了富足安宁，民间流传着"家有十棵桑，穿衣不用慌"的俗语。清道光年间文人顾禄曾在《清嘉录》中记录蚕事的忙碌辛苦："小满乍来，蚕妇煮茧，治车缲丝，昼夜操作。"宋代诗人邵定翁《缲车》诗云："缲作缲车急急作，东家煮茧玉满镬（huò），西家卷丝雪满籰（yuè）。汝家蚕迟犹未箔，小满已过枣花落。夏叶食多银瓮薄，待得女缲渠已著。"描写的正是蚕妇缲丝的情景。苏东坡的《浣溪沙》亦云："麻叶层层苘叶光，谁家煮茧一村香，隔篱娇语络丝娘。"当然，勤劳的人们不怕辛苦，只怕收成不好。相传小满是蚕神的生日，在养蚕业兴盛的江浙一带，百姓为了祈福迎丰收，习惯在小满时节举办民俗气息浓郁的蚕桑文化活动。人们一般在四月放蚕时举行祈蚕节，祈求养蚕有好收成。南方很多地方建有蚕娘庙、蚕神庙，养蚕的人家在祈蚕节期间，就到这些庙前祭拜，供上丰盛的菜肴、酒水等，以期获得好收成。清道光七年（1827），苏州盛泽丝业公所兴建了先蚕祠，祠内专门搭建了戏楼，开辟了能容纳万人观剧的石板广场。每年小满前后三天，丝业公所都会出资邀请各路戏班登台唱戏酬神。因为"私""死"都与"丝"谐音，但凡有私生子及死人情节的戏都被禁演。换言之，每一出小满戏都必须是经过反复斟酌、考量甚至经过"改装"的吉利喜庆的剧目。

旧时，还有一个小满习俗叫祭三车，即祭水车、牛车和丝车。老百姓认为，满指代雨水丰沛的程度，而小满正是江南地区早稻追肥、中稻插秧的重要时节。如若田里蓄水不满，则田坎干裂无法插秧，会影响农作物的收成。故而在干旱的年份人们需要早做打算，以人力或畜力带动水车灌溉水田。江南蚕乡则有"小满动三车"的说法，指的是小满时节蚕茧成熟、油菜籽丰收、水田管理等农事繁剧，缫丝车、榨油车、水车齐动，农人十分忙碌，甚至没有时间招待来访的亲朋好友，如湖北地区就有"立夏到小满，亲家来了都不管"的民谚。而中原地区则有着小满日赶集的传统，称小满会，又叫夏忙会，在小满当日或错后一两日，热闹非凡，火烧、油条、花米团、水煎包、胡辣汤、糖葫芦……那些小吃摊儿，不仅是孩子们的童年记忆，也是大人们打牙祭解馋的好去处。小满会还是农产品、农具等的大卖场，如种子、牲口，还有割麦、捆麦、囤麦用的木耙、镰刀、篮筐、簸箕、麻绳、卷席等，品种丰富，应有尽有。规模大一点的小满会还搭戏台、请戏班，让大家热热闹闹看大戏。如今虽然机械化劳作取代了传统的农具，小满会也逐渐失去了置办农具、备战麦收的功能，但却始终有那方水土的小满文化记忆。

有意思的还有，在民间，不仅立夏讲究尝三鲜，小满也要吃三鲜，即黄瓜、樱桃和蒜薹。清代柳州词派盟主曹尔堪的《减字木兰花·清和昼凉酿阴不雨，小词志忆二调》云："半床弦管，樱笋风光过小满。"俗语所谓"樱桃十八天"，说的是樱桃可以从立夏吃到小满，小满之后，那莹润剔透、色美形娇味更佳的小果子就要退出市场的舞台了——窃以为，如今严冬也能买到的身价高昂的车厘子，即便再是个大色艳，却哪里能够和玲珑娇俏、妩媚可人的樱桃相媲美呢？！

烟雨熟枇杷

小满时节，一派初夏风光，其"关键词"除了麦子、蚕桑和樱桃，还有枇杷，明代文人李昌祺就在其《七绝·小满日口号》中写道："长是江南逢此日，满林烟雨熟枇杷。"清代词人赵秋舲的《台城路·小满后十日同人复游皋亭，舟行小港中，绿阴夹岸，意境幽绝》则细细叙写了他和朋友在小满后十日一起坐船同游的清幽惬意："不寒不暖晴时节，开箱袷衣初试。酒舫重移，钓竿新把，且学老渔身世。花开楝子，看风过摇凉，水痕都紫。两岸人家，昼长门掩正蚕市。　枝头青杏尚小，只桑阴豆荚，肥绿如指。土没鞋平，衫兜扇出，又过斜阳山寺。红桥雁齿。有曲港通船，草香蘅芷。除却闲鸥，问谁能到此。"字里行间都透着心如鸥鹭的闲适，读来令人口角噙香，心向往之。

清代诗人王泰偕在《吴门竹枝词·小满》里悠然写道："调剂阴晴作好年，麦寒豆暖两周旋。枇杷黄后杨梅紫，正是农家小满天。"此诗感情真挚、语言生动，读来饶有趣味。由修作词的当代歌曲《小满》的创作灵感就源于这首竹枝词，表达小满未满、万物可期的生活态度："夏日出逃，小满小小美好。麦浪姑娘，风中灿烂的笑……快乐奔跑，小满小小美好。栀子裙摆，风中轻轻飘摇。蝉鸣飞鸟，榴花开得热闹……"而杨启舫作词的同名歌曲则唱道："小满雨绵绵，河水涨河沿，麦子灌浆蚕妇煮茧。水车轻轻转，我从田埂走，你在插秧田。原来相逢早注定，后退是向前。小满小清欢，不必万事全，春夏秋冬四季苦短。一切都随缘，心宽路才宽，苦菜野菊甜。人生最美是小满，花开月半圆……"还有，著名的画家老树画了一幅《小满》，并配打油诗一首："门前无边青麦,有鸟风中徘徊。此心念念在远,墙头石榴花开。"言浅意深,颇耐咀嚼。

在现当代文学里,"小满"常常成为女孩子的名字。比如,"荷花淀派"创始人孙犁先生在其代表作《铁木前传》里塑造了一个"长得极端俊俏,眉眼十分飞动的女孩",小名小满儿,让读者印象深刻。"她的聪明,像春天的薄冰,薄薄的窗纸,一指点就透",在书中,孙老先生借古诗里写罗敷的笔法描写小满儿去街上推碾的情景:

> 小满儿头上顶着一个大笸箩,一只手伸上去扶住边缘,旁若无人地向这里走来。她的新做的时兴的花袄,被风吹折起前襟,露出鲜红的里儿;她的肥大的象两口大钟似的棉裤角,有节奏地相互磨擦着。她的绣花鞋,平整地在地下迈动,像留不下脚印似的那样轻松……她通过这条长长的大街,就象一位凯旋的将军,正在通过需要他检阅的部队。青年们,有的后退了几步,有的上到墙根高坡上,去瞻仰她的丰姿。

孙先生笔下的小满儿就是这样的一个俊俏极了的可人儿,难怪"满城关没有一个人不认识她,大家公认她是这一带地方的人尖儿"了!而细味"小满"二字,活脱脱便是一个跳脱伶俐、天生丽质、青春逼人、秀外慧中的农家姑娘,似乎再没有比小满儿更适合她的名字了,不是吗?!

当代小说家艾伟先生2016年发表在《作家》杂志上的短篇小说《小满》则从保姆喜妹的视角叙述了一个失独家庭的故事,端的可圈可点。作家的老辣巧妙就在于其实作品的核心内容并不是失独,而是失独之后的代孕。外表斯文的古董商人白先生的内心隐藏着一段不可告人的发财前史,其妻白太太看起来温和平易,但关键时刻却像《红楼梦》里那位著名的凤辣子一样杀伐决断、毫不容情,白家的女佣喜妹则天生奴性。喜妹根据主人的需要,介绍自己才20岁的侄女小满做代孕妈妈:"她穿着一件白底红色细格子衬衣,下着一条灰长裤,身材饱满,脸蛋圆圆的,脸上有一块健康的红晕……她的眼很大,和善的眼光里有那么点慌乱。乡下姑娘见到陌生人都这样。"乡下女孩小满天真善良,为了给家里挣20万巨款答应了代孕的营生。虽然小满并非腹中孩子的生物学母亲,却深深地爱上了这个孩子,但孩子生下后就被夺走了,这让她的心理受到了重创,最终精神失常。这个短篇以传统节气"小满"作为人名和篇名,艾伟的匠心可谓细致入微,须细细品味方可深味其幽微浓醇。

喜看麦梢黄

小满节气正是农忙之时,黄河流域各省份忙着收麦打场,珠江流域播种秋稻,东北则正是棉花、小麦以及大豆下种的时期,高粱刚刚长出,又必须锄去杂草,剪除劣苗。众所周知,农作物生长离不开水,旧时灌溉的条件有限,农民只能靠天吃饭,小满时,农民们往往需要抢水。在关中地区,每年麦子即将成熟之时,出嫁的女儿要携带黄杏等礼品回娘家,一方面问候父母夏收的准备情况,看有没有什么需要帮忙的,另一方面就是告诉父母,在这个青黄不接的时候,自己家还有余粮,请父母放心。这个风俗,有个直截了当但又美得有趣而文艺的名称,叫"看麦梢黄"。

小满时节,养生的重点是防热防湿。中医认为暑多挟湿,也就是说暑热之气最易与湿邪一起侵犯人体,若欲防热祛湿,饮食宜以清爽、清淡的素食为主。小满时雨水充沛，闷热潮湿，易伤脾胃，易发湿疹，应忌热避凉，清热利湿，健脾和胃，宜吃补脾健脾、清热利湿的食物，如冬瓜、山药、芡实、茯苓、赤小豆、薏苡仁等，尽量少吃辛辣肥腻、生湿助湿的食物，如动物脂肪、海鲜等。也可适量吃一些苦味食物，如苦菜、苦瓜、苦菊等，以增进食欲，促进消化。苦菜是小满节气最具代表性的时令美食。

苦菜在我国各地叫法不一。医学上叫它"败酱草"，宁夏人叫它"苦苦菜"，陕西人叫它"苦麻菜"，李时珍则称之为"天香草"。著名美食家聂凤乔先生1958年在宁夏发现了开黄花的苦苦菜，名之曰"甜苦菜"，其叶片大，茎秆脆，苦中带甜，与常见的开蓝色花朵的苦苦菜相比有很多优点。

小满节气吃苦菜是有历史原因的。苦菜是中国人最早食用的野菜之一。《逸周书·时训解》说："小满之日苦菜秀。"《诗经·唐风·采苓》曰："采苦采苦，首阳之下。"红军在长征途中也曾靠吃苦苦菜打胜仗，江西苏区有歌谣唱道："苦苦菜，花儿黄，又当野菜又当粮，红军吃了上战场，英勇杀敌打胜仗。"故苦苦菜被誉为"红军菜""长征菜"。虽然现在大家早已不必为温饱发愁，但小满节气吃苦菜的习俗保留了下来，提醒人们珍惜美好生活。从养生角度来看，苦苦菜苦中带涩，涩中带甜，新鲜爽口，营养丰富，含有人体所需要的多种维生素、矿物质等，具有清热、凉血和解毒的功能。《本草纲目》说："（苦苦菜）久服，安心益气，轻身耐老。"医学上多用苦苦菜来治疗热症，古人还用它醒酒。宁夏人喜欢把苦菜烫熟，冷淘凉拌，调以盐、醋、辣椒油或蒜泥，清凉香辣，使人食欲大增。也有人用黄米汤将苦苦菜腌成黄色的，吃起来酸中带甜，脆嫩爽口。还有人将苦苦菜用开水烫熟，挤出苦汁，用以做汤、做馅、热炒、煮面，各具风味。

在小满前后，人们还经常吃一种叫"捻捻转儿"的节令食品，取其谐音"年年赚"，有万事顺利、一切吉祥的意思。小满时节，小麦虽还未成熟，但已经饱满。人们挑选一些麦粒比较饱满硬实的麦穗割下来，把青色麦粒取出来，用锅炒熟，然后用带磨齿的石磨磨出圆细。然后再把这些圆细加入芝麻酱、蒜末、黄瓜丝等配料，就做成了清香可口、风味独特的"捻捻转儿"。在北方，人们还喜欢吃油茶。先把颗粒比较大的麦穗割下来，磨成面粉，再用微火把面粉炒成黄色，然后取出。再在锅中放油，大火烧至冒烟，立即倒入已经炒熟的面粉中，搅拌均匀。最后再将黑芝麻、白芝麻炒出香味，核桃仁炒熟去皮，剁成细末，连同瓜子仁一起倒入炒面中，搅拌均匀即可。

麦糕饼也是小满时节的代表食品。传说小满是蚕神的生日，人们以米粉或面粉为原料制成形似蚕茧的麦糕饼，寄予了蚕茧丰收的希望。

小满后气温明显升高，雨量增多，但早晚仍比较凉，气温日差仍较大，尤其是降雨后气温下降更明显，因此要注意适时添加衣服，尤其是晚上睡觉时要注意保暖，避免因着凉受风而患感冒。

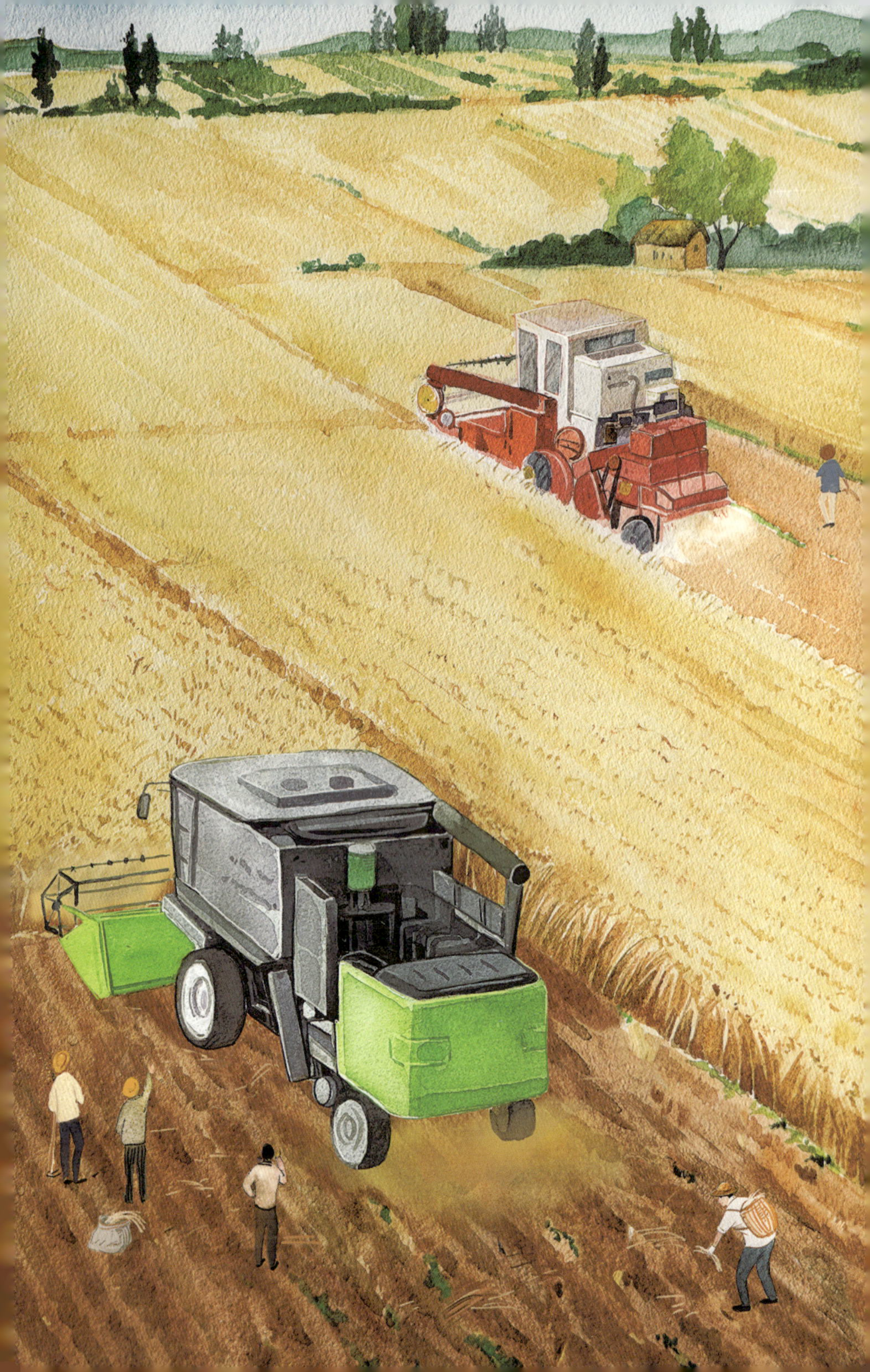

芒种

文_刘 捷

"时雨及芒种，四野皆插秧。家家麦饭美，处处菱歌长。"陆游所描绘的芒种时节是那样多姿多彩、生机盎然：既有雨后的舒爽，又有夏日的热情；既有田里的稻秧，又有桌上的麦饭；既有农事的忙碌，又有歌声的悠然。也正是这开启仲夏时光的芒种，不但是对谷物那旺盛生命力的直观描述，更蕴含着华夏儿女对美好生活的期待。

芒种节气一般于每年公历6月5日、6日或7日交节，此时的太阳正运行到黄经75°的位置。作为二十四节气中的第九个节气，芒种的到来标志着气温逐渐升高、降雨逐渐增多，对农民来说是开启繁忙"午月"的关键节点。

有芒之种，播种之节

"芒种"之"芒"，本义是谷物种子壳上或草木上的细刺；而"芒种"之"种"，则有两种解释——作为名词的"种（zhǒng）"，指植物的种子；作为动词的"种（zhòng）"，则指播种。所以相应的，自古以来，"芒种"就有两种不同的含义，如《农政全书》曰："芒种有二义：郑玄谓有芒之种，若今黄穋谷是也。一谓待芒种节过乃种。今人占候，夏至小满至芒种节，则大水已过，然后以黄穋谷，种之于湖田。"也就是说，芒种的一种解释是指麦类等有芒作物，籽粒已经黄熟，需抓紧抢收；而另一种解释则是指晚谷、黍、稷等夏播作物，在这一时间节点需及时抢种。这两种说法究竟孰对孰错呢？

《周礼·地官·稻人》曰："泽草所生，种之芒种。"郑玄注："芒种，稻、麦也。"有芒的谷物很多，小麦、大麦的麦穗上有麦芒，水稻的稻穗上有稻芒。《农政全书》的作者徐光启从小生长在上海，对他而言，芒种正是江南插秧种稻的好时节，所以对徐光启这样南方稻作区的民众而言，芒种指水稻的种植。相对地，芒种时节在北方的麦田可以欣赏麦芒的灿烂。《四民月令》曰："凡种大小麦，得白露节，可种薄田。"中原地区的麦子自古便是从白露时节，即公历9月初开始播种的，等到了来年6月的芒种节气，麦穗就已经陆续成熟、生出金黄的麦芒，需要抢在多雨季节来临前抓紧收割了，正如白居易在《观刈麦》一诗中说的那样："田家少闲月，五月人倍忙。夜来南风起，小麦覆陇黄。"对小麦、大麦种植区的民众而言，芒种不是播种而是收获"有芒之种"的时节。

正如南宋马永卿《懒真子》所总结的："所谓芒种五月节者，谓麦至是而始可收，稻过是而不可种矣。古人名节之意，所以告农候之早晚，深矣。"芒种既是收割的节气，也是栽种的节气；既是属于麦穗的节气，也是属于稻秧的节气。

随着中国农业发展，芒种的含义也发生了变化。众所周知，魏晋南北朝时期战乱不休，大量北方的民众迁居到江淮及其以南地区。这就使得麦、菽、粟等粮食作物，以及北方精耕细作的传统经验，也都随之传入土地肥沃的南方，直接推动了我国农业种植轮作复种技术的进步和推广。如唐朝樊绰的《蛮书》在记述云南物产时曾言："水田每年一熟，从八月获稻，至十一月十二月之交，便于稻田种大麦，三月四月即熟。收大麦后，还种粳稻。"南宋的《陈旉农书》也说："早田获刈才毕，随即耕治晒暴，加粪壅培，而种豆麦蔬茹。"从魏晋南北朝到唐宋时期，越来越多的地方开始因地制宜地开展稻、麦、豆类、蔬菜等作物的轮耕轮种。除此之外，由《齐民要术》《农政全书》等传统农学著作可知，麻、芜菁、家蚕、蜡虫等的培育，都需要在芒种时节进行特殊的管理。所以说，随着中国农业在轮作复种方面的不断发展，芒种的含义已经不再局限于割麦与插秧，而是成为与各种农作物的收割、播种、管理都息息相关的重要节点了，芒种之芒也渐渐有了忙碌之忙的含义。

《宋书·阮长之传》等史料中还记载着这样一种有趣的制度：在南北朝时期刘宋的元嘉年间，郡县各级官员的俸禄是以芒种为节点计算的，如果地方官员在芒种之前离职，那么该职位一整年的俸禄就归下一位来继任的官员所有，如果在芒种之后离职，那么这一年的俸禄就归这位离职的官员所有。这种以芒种为节点发放"年薪"的制度也从一个侧面体现出：在古代农业社会中，芒种时节关系到一整年经济收入，地位重要。正像民间谚语所说的，"芒种芒种，连收带种"，芒种是夏种、夏收和夏管的决定性时刻。

送别花香，迎来湿热

天空有斗转星移，地上有花谢花开，感受自然界的草木荣枯、昆虫发蛰、候鸟往来等变化，是古人记录时节迁移、制定生活计划最直接的方式，芒种节气的种种物候、民俗也体现了古代先民对待自然、对待生活的细致与热爱。

《逸周书·时训解》曰："芒种之日，螳螂生；又五日，䴗（jú）始鸣；又五日，反舌无声。"这就是芒种的三候。古人注意到，随着芒种节气的到来，螳螂卵逐渐从越冬的卵鞘中孵化出来，成为若虫，而螳螂正是蝗虫、蚜虫、棉铃虫、松毛虫、豆天蛾等害虫的天敌，待到7月后生长为成虫，便能保护农作物、蔬菜、果树、林木等不受虫害。"䴗"指伯劳鸟，俗称胡不拉，作为一种小型猛禽，能够捕食各类害虫和小动物，在各种雏鸟陆续出巢的春夏之交，甚至还会通过模仿其他鸟的声音来把小鸟吸引过来，伺机捕食。古人应该就是基于伯劳鸟的这种特性，依据它的叫声来提醒自己调整芒种节气到来后的田间管理。反舌指乌鸫（dōng），因为声音多变化，故又称"百舌"。反舌鸟同样也能捕食蝗虫等害虫。它的音域宽广、叫声嘹亮，在春季的求偶期能经常听到它的鸣叫，但到了仲夏时节，它便进入了忙碌的繁殖期，为了更好地哺育幼鸟，反而会较少鸣叫、隐匿行踪，所以乌鸫的逐渐沉寂，便成了芒种的又一物候标志。正如唐代诗人元稹在《咏廿四气诗·芒种五月节》中所说的:"芒种看今日,螳螂应节生。彤云高下影,鴳(yàn)鸟往来声。渌沼莲花放,炎风暑雨情。相逢问蚕麦,幸得称人情。"古人对这些益虫、益鸟的关注,从一个侧面体现了古人在芒种时节及时调整劳作安排、细致规划生活步骤的传统智慧。

当然,芒种的物候变化也会带来些许遗憾与烦恼,比如雷雨、蛀虫等带来的威胁。芒种节气时,农民们总希望有一段时间的晴天能让他们完成粮食的抢收和抢种,此时最怕雷雨等强对流天气发生后麦株倒伏、麦粒霉变、淹坏秧苗,影响收成,所以古人把芒种后的半个月称为"禁雷天"。除了雷雨,人们担心的还有湿热环境下滋生的各种蛀虫。比如《四民月令》曰:"芒种节后,阳气始亏,阴慝将萌;暖气始盛,虫蠹并兴。乃弛角弓弩,解其徽弦。张竹木弓弩,弛其弦。以灰藏旃裘毛毳之物及箭羽。以竿挂油衣,勿辟藏。"随着温度和湿度的逐渐升高,啃啮衣服、书籍、谷物类的蛀虫也渐渐活跃起来,所以古人会在芒种节气后开始注重各种器具的储存,比如将弓弩的弓弦卸下来,对其加以保养,将用各种鸟兽皮毛制成的衣物或箭羽等用草木的灰烬埋藏起来,用竹竿把油布雨衣悬挂起来,此外还要注意书籍、谷物、薪炭的准备和储存等。这些自古传承的生活小贴士,都是为了应对芒种之后雨水所带来的闷热与潮湿,是古人应对自然变化时的"未雨绸缪"。

与物候变化相对应的是古人在芒种节气的种种习俗。随着仲夏季节的到来,螳螂孵化、鸟类繁殖,但春季开放的各种鲜花会逐渐凋谢,所以祭祀花神、与春告别便是芒种的一个重要节俗。《红楼梦》第二十七回《滴翠亭杨妃戏彩蝶 埋香冢飞燕泣残红》便记载了大观园内众人祭饯花神的场景:"凡交芒种节的这日,都要设摆各色礼物祭饯花神。言芒种一过便是夏日了，众花皆谢，花神退位，须要饯行。……那些女孩子们，或用花瓣柳枝，编成轿马的；或用绫锦纱罗，叠成干旄旌幢的；都用彩线系了。每一棵树头，每一枝花上，都系了这些物事。满园里绣带飘飖，花枝招展。"女孩们用花瓣、柳枝编制成花神的轿子和车马，用绫罗绸缎制作花神的旗杆和仪仗，并用五彩的丝线将这些饰物捆绑在花草树木上，为仲夏时节赋予了夺目的灿烂芳华，也为少男少女寄托了别样的欢乐哀愁。

  这些庭院闺阁中的活动应该是古代一道亮丽的风景线，但对于普罗大众而言，平安开启夏季的繁忙农事、保障一年的粮食收成才是当务之急，所以更多的芒种节俗仍旧是与农事直接相关的。例如流行于浙江省云和县梅源山区的芒种开犁节，作为有着500余年历史的民俗，已入选国家级非物质文化遗产代表性项目名录。在每年芒种节前，当地18个村的村民会在各村巡游迎接赐福之神，芒种当天则会举行由鸣喇苇、吼开山号子、祭神田、犒牛、开犁、分红肉等环节组成的芒种开犁仪式，仪式结束后还会演酬神戏、吃仙娘饭，在其乐融融的氛围中济济一堂，共同憧憬稻田的丰收。与之类似，在安徽省绩溪、歙县一带，每年芒种时节会举办安苗节，其间会有各村迎神巡游、褒贬稻田优劣、分享敬神贡仪等环节；还有贵州省黎平县一带的侗族打泥巴仗节，是芒种前后男女青年在一起分插秧苗的同时，用互相投掷泥巴的方式娱乐消遣、互相祝福的民俗。总而言之，中华大地上的各种芒种节俗，大多是在播种粮食作物的同时播种生活的希望，其中既寄托着对自然最纯粹的敬畏和感恩，同时也饱含着对生活富足、家庭安康的美好憧憬。

生命萌发，孕育希望

无论从芒种的内涵变迁，还是从芒种的物候节俗来看，对于农耕文明主导的古代中国来说，芒种时节关系到许多家庭农事的成败、收入的多少，乃至家人的死活。从这些层面来说，芒种之芒就不仅仅是麦芒、稻芒，也不仅仅是忙碌、繁忙，而是一种希望、一种生命力的体现。事实上，"芒"字的本身就蕴含着生命萌发、蓬勃生长的意义。如《白虎通义·五行》："其神勾芒者，物之始生，其精青龙，'芒'之为言萌也。"在古代五行思想中对应东方、春季、青色的木神勾芒（又作"句芒"），名字中的"芒"字由来就是为了表现草木萌发时的生命力。又如西晋文学家束皙的《补亡诗·华黍》中有"芒芒其稼，参参其穑"之句，便是用"芒芒"一词来形容广大、众多的样子。

《耕织图》中的芒种，就是对芒种时节的一种不完整却又"直指人心"的表现。从上古岩画、先秦器具开始，中国自古便有用图像形式对农业劳作进行直观描述的传统，到宋代出现了按照时节顺序对农家的耕作及纺织劳动进行系统性描绘的图画，楼璹（shú）于南宋初期绘制的45幅《耕织图》便是其中颇具影响力的作品。之后的元、明、清各朝又有以楼璹的《耕织图》为蓝本绘制的数十套类似图画，并受到历代提倡重农思想的帝王关注。而在这些《耕织图》中，芒种无一例外地与"插秧"对应在了一起。如在明代《便民图纂》卷一的《农务之图》中，有描绘农民们在水田内插秧场景的《插莳（shì）》一图，图上又配有《竹枝词》曰："芒种才交插莳完，何须劳动劝农官。今年觉似常年早，落得全家尽喜欢。"在清代雍正帝即位前所编的《耕织图》（又名《胤禛耕织图》）中，他为《插秧》一图题写的诗句也说："物候当芒种，农人或插田。条成行整整，入望影草草。白柳花争陌，黄梅子熟天。一朝千顷遍，长日爱如年。"在《耕织图》中，原本与芒种息息相关的冬麦收割、豆蔬种植及田间管理、物品收藏等事宜似乎被有意无意地忽略了，大江南北各不相同的芒种景象也被单一的江南水乡的插秧景象取代了，这是不是文人墨客的无心之失或者帝王将相的不食烟火呢？其实，这恰恰是反映中国农业特点和中国农民愿景的艺术表达。正如许多学者曾经指出过的：作为唐宋以来我国经济最为发达的地区，以水稻种植与蚕桑养殖为基础的江南成了重农、劝农的示范之地，也成了彰显政治安定、生活富足的重要隐喻与象征。所以芒种时节与插秧画面的对应，非但不是以偏概全的错误，反而真切体现了广大农民在历经了芒种时节的辛勤劳作后，对于"一朝千顷遍""全家尽欢喜"的美好憧憬。正是芒种一词所象征的这种希望和生命力，赋予了芒种时节独特的魅力。

芒种是收获，芒种也是希望。金光灿灿的谷粒会让人联想到丰收的喜悦；又细又尖的麦芒则会让人联想到锋芒的锐利；潮湿泥泞的稻田会让人联想到劳动的汗水；整齐排列的秧苗则会让人联想到未来的幸福。经历了一代又一代的传承，二十四节气中的芒种仍旧是中国各地开展农业生产、适应自然变化、调整生活状态的重要时间节点。通过对芒种节气丰富意蕴的考察，我们可以看到农业文明的发展、南北文化的交融、经济中心的变迁，更能够看到中华民族无穷无尽的斗志及永恒不灭的希望。

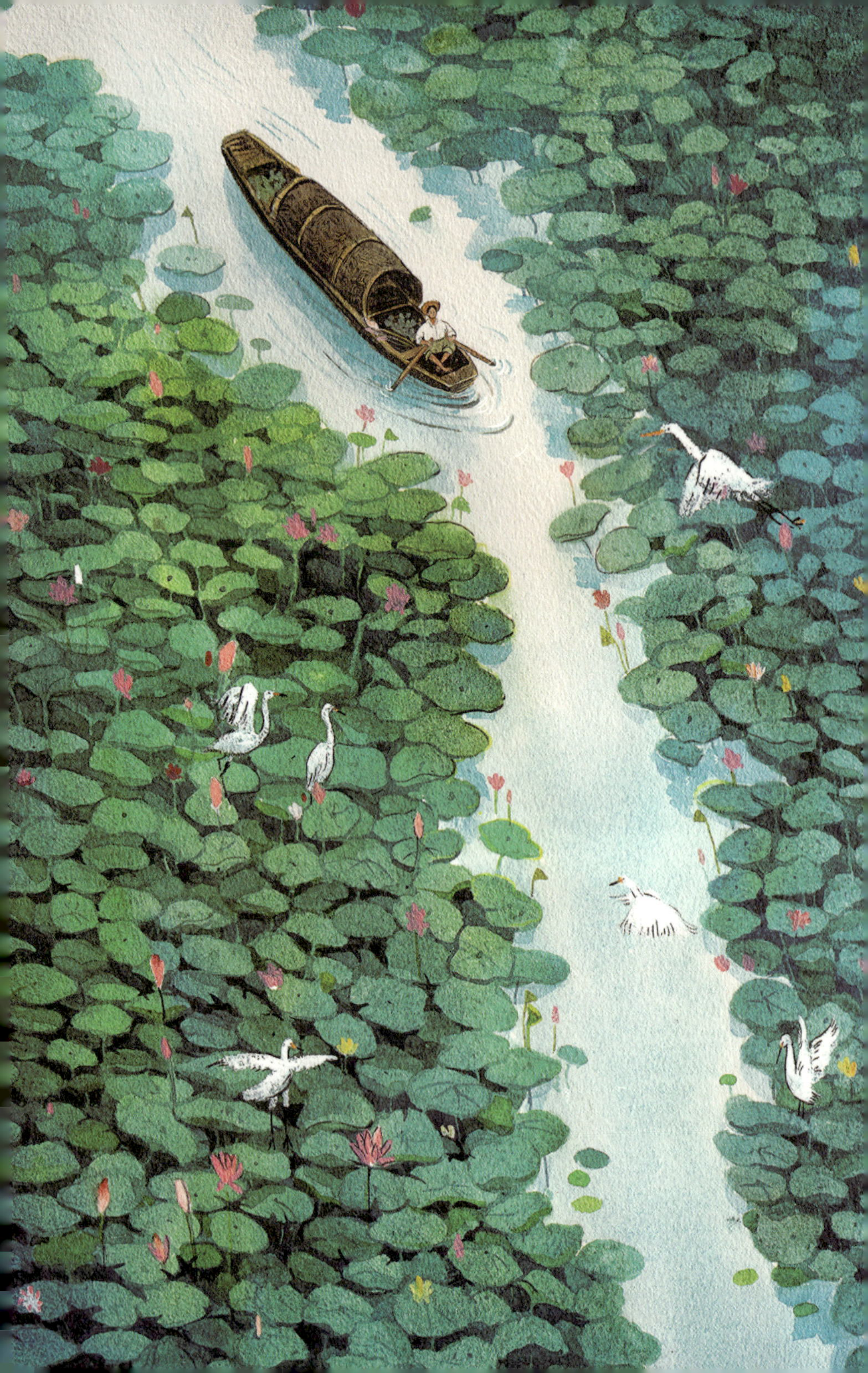

夏至

文_张海岚

夏至，二十四节气中的第十个节气，一般在每年公历6月21日或22日。此时的太阳正运行到黄经90°的位置，北斗七星的斗柄则指向古人方位观念中的正南方。

二十四节气中最早被确定的节气，就有夏至。公元前7世纪，我国古人用土圭测日影的方法，确定了夏至。在《春秋左传》中已经有了"凡分、至、启、闭，必书云物，为备故也"的记载。这里的至，就是夏至、冬至，说明凡是到了包含这两个节气在内的八节，一定要记下天气灾变，早作避祸准备。

夏至是个极不寻常的节气，清陈希龄的《恪遵宪度》中谈到了夏至中三个地理学现象："日北至，日长之至，日影短至，故曰夏至。至者，极也。"第一，

"日北至",意思为夏至这天,太阳直射地面的位置到达一年中的最北端,几乎直射北回归线,夏至过后,太阳直射点开始从北回归线向南移动;第二,"日长之至",意思为夏至是北半球一年中白昼最长的日子,其后白昼渐短;第三,"日影短至",意思是在夏至这天,正午时分的太阳几乎直射北回归线,这一天北半球影子最短,北回归线地区会出现短暂的"立竿无影"的奇景。

夏至还会出现一个独特的星象——北斗七星斗柄指南。人们历来认为北斗有辨别方向、定季节的作用。这是因为随着季节的变幻,北斗七星在天空中的位置也在变化。"斗柄南指,天下皆夏",晴朗的夏至晚上10点左右,在黄河流域都可以观测到北斗七星的斗柄指向正南方向的天象。

夏至之祭

太阳的运转规律对农业生产影响巨大,因此中国人最初的历法,就是通过观察太阳运转规律而制定的太阳历。最早的节气也是根据观察太阳在地面影子的长度而形成的节气——夏至和冬至。

夏至以后,气温升高,经常伴随着暴雨,各种自然灾害频繁,随之而来还有毒虫出没和疫病的流行,而这些都是由自然界昼夜长短差异扩大,白昼长而黑夜短造成的。因而,古人认为夏至是阴阳失衡的节气,是不吉祥的节气。为了驱除灾害和避毒祛邪,天子必须举行祭祀活动,以祈求阴阳调和。

夏至阳气达到极盛,阴气最弱。因此,夏至有"一阴生"的说法,相对应地,冬至有"一阳生"的说法。冬至到夏至再到冬至,是阴阳之气在天地之间进行的一个完整的轮回。从这个维度看,夏至的意义,正如崔灵恩的《三礼义宗》所释:"至有三义:一以明阳气之至极,二以助阴气之始至,三以明日行之北至。故谓之至。"因此,夏至须以阴性的物质进行祭祀,以增强阴的力量,改变阳盛阴衰的结构,使之阴阳调和。阳为天,阴为地,因此,夏至需要祭地。《周礼》中记载:"夏日至,则礼地于方泽。"夏至日,古代帝王会在有水的方泽举行祭祀仪式。《周礼·春官·神仕》中说:"以夏日至,致地示物魅。"祭祀的对象是地和物魅,物魅就是百物之神。祭祀地是祈求阴阳调和,风调雨顺,谷物丰收;祭祀物魅则是祈求其消除疫疠与饥荒。与此对应的是,到了冬至,要祭祀天和人鬼。

后世多延续了夏至祭地的习俗,到了宋朝,不仅要举行祭祀,而且夏至节百官可以放假三天;到了明清两朝的夏至日,皇帝要亲自在地坛举行盛大的祭地仪式。现在北京市东城区安定门的地坛公园，就是明清时期留下的祭地遗址，其中的方泽坛就是祭地仪式中的重要建筑。

由此可知，夏至不仅仅是一个天文气象学意义上的时间节点，更是在古代社会治理中，承担了重要的政治意义和社会意义。

夏至之食

唐代诗人白居易在《和梦得夏至忆苏州呈卢宾客》的诗歌中这样写道："忆在苏州日，常谙夏至筵。粽香筒竹嫩，炙脆子鹅鲜。"吃粽子和烤鹅，这不是端午节的习俗吗？为什么白居易在他的诗歌中说夏至吃粽子呢？是他记错了吗？

要明确这个问题，就要了解夏至和端午的关系。前文中说到，夏至早在春秋时期就出现了，而端午节，是在唐代中后期才有固定名字的节日。比如，南北朝时期的《荆楚岁时记》中并未提到五月初五日要吃粽子的节日风俗，却把吃粽子写在夏至节中。至于竞渡，隋代杜台卿所著的《玉烛宝典》也把它划入夏至日的娱乐活动。而生活在中唐时期的白居易，正处在夏至和端午界线不分明的时期。到宋代端午节终于固定下来，并且逐渐"收编"了夏至的习俗。所以，我们今天熟悉的很多端午习俗，其实都来源于古代的夏至节。

秦代改正朔，实行颛顼历，每年以十月为岁首。这种历法到了汉代虽有沿用，但是已经不能满足正常的生产生活需要。汉武帝太初元年（前104），改颛顼历为太初历。太初历将一年分为12个月，并将节气纳入每个月中，把二十四节气分为十二中气、十二节气，从冬至开始，单数为中气，双数为节气。如果一个月中没有中气就是闰月，从而固定了节气、中气、月份的关系，这样的规定使历法和实际的天象变化、农时季节更加协调。如果按照颛顼历时间来计算，夏至日正好在五月四日或五日。汉代以后，随着太初历逐渐代替颛顼历，夏至不再固定地出现在五月四日或五日，而是时而在五月端，时而在五月中，时而在五月末。

受到上古时期夏至习俗的影响，五月五日还是作为一个固定的节日保留下来。五月也是午月。午月来自天支历中的地支纪月，正月建寅，二月为卯，顺次至第五个月为午，是二十四节气里的芒种到小暑。午，五行属阳，而午月被认为是恶月，因为这个月天地纯阳正气极盛，阴阳严重不调，阳动于上，阴迫于下，是阴阳相争的时节。因此，五月五日代表着冲突与不和谐，是需要祭祀和辟邪、驱邪、祛恶的日子。

自周朝便有了"五月五日，蓄兰而沐"的习俗。古人会在这天以雄黄酒洒墙壁门窗、挂艾叶辟邪驱虫等，也流传有"清明插柳，端午插艾"等谚语。汉代人在五月五日会用"朱索、五色印为门户饰"（《后汉书·礼仪志》）。南北朝时期的《荆楚岁时记》中记载有五月五日斗百草、采艾悬门户上、龙舟竞渡、以五彩丝系臂等辟邪、驱病的习俗。

此外，南北朝时期的《荆楚岁时记》中还记载："夏至节日，食粽。按：周处《风土记》谓为'角黍'，人并以新竹为筒粽。楝叶插五彩系臂，谓为长命缕。"可见，汉代以后，人们又在夏至日增加了吃粽子的习俗。食粽子的食俗也有阴阳平衡的用意。

粽子古称角黍。古人认为，角黍要用菰叶包，而菰叶生于水中属阴。黍具阳火之性，又称"火谷"。菰叶与黍相配，象征

"阴外阳内""阴阳相合"之状,有阴阳和合、阴阳调和之意。如《齐民要术》卷九和《太平御览》卷八百五十一引《风土记》称粽子是"盖取阴阳尚相裹,未分散之时象也"。夏至食粽这一习俗一直延续到明清时期的江南地区。如弘治《吴江县志》记载:"夏至日,作麦粽,祭先毕则以相饷。"正德《姑苏志》讲苏州"夏至作角黍,食李以解疰夏疾"。

夏至江南地区还有食鸭、鹅的习俗,这背后的原理与食角黍相同。禽类脚爪为四爪,为偶数,古人认为偶爪类动物属阴性动物;鸭子、鹅都是水上动物,水中动物一般都被视为阴性动物。因此也就有了夏至"烹鹜"的民间食俗。

可以看出,夏至习俗活动大多与水等阴性事物相关,比如龙舟竞渡和各种求雨仪式,再如南方许多地区在五月五日午时(正午),人们要到水井打新水,更换家中水缸中的食用水。

除了以上所说的节俗,夏至还保留了一个不同于端午节的节俗,那就是夏至吃面。夏至刚好是大麦、小麦收割完毕的时候,在夏至品尝这新鲜的面食,便不仅有尝新的喜悦,同时也有以新麦祭祖之意。

夏至之雨

夏至还是一个重要的农事节点。农谚"到了夏至节,锄头不能歇"就表明夏至延续了芒种的繁忙,是农家最忙最累的时段。有农谚总结道,夏至时节天最长,南坡北洼农夫忙。玉米夏谷快播种,大豆再拖光长秧。芒种时播种的夏季作物已经出苗,需要除去多余的幼苗,留下好苗,如果有缺苗还要及时补苗,这就是民间常说的间苗、定苗、补苗。

夏至时的降水与温度影响着农作物的生长。夏至期间我国大部分地区气温较高，日照充足，作物生长很快，这时的降水对农业产量影响很大，夏至时天气的降水与否，与农作物的收歉有着很大的关系，有谚谓，夏至雨点值千金。夏至有雨，仓里有米。夏至东南第一风，不种潮田命里穷。夏至如果是东南风，主旱，低田能丰收，高田少水则歉收。

从夏至开始，天气逐渐炎热，夏至还不是一年中气温最高的时候。俗语说"热在三伏"，"三伏"才是一年里最热的时期。根据《史记·秦本纪》，可知秦德公二年（前676）就创立了伏日的计算方法。《汉书·郊祀志》颜师古注："伏者，谓阴气将起，迫于残阳，而未得升，故为藏伏，因名伏日也。"伏的确定，是以夏至为基准的，一般来说，夏至后，从第三个天干为庚的日子起进入初伏，10天后，第四个庚日为中伏，立秋后第一个庚日为末伏，总称"三伏"。初伏与末伏固定是10天，中伏的时间则不固定，有的年份是10天，有的年份是20天，这主要由夏至到立秋之间一共有几个庚日来决定：有四个庚日则中伏到末伏间隔为10天，有五个庚日则间隔为20天。因此，夏至当天的天气情况，也会影响到未来三伏时候的温度。"夏至酉逢三伏热"或"夏至逢辛伏暑生"都是对这一情况的生动写照。载于明人徐光启《农政全书》中的上海农谚"夏至有云，三伏热"，也对夏至之于三伏天气温的影响做出了生动而形象的判断，方便人们从夏至的状态预测伏日温度的高低，提前做好防暑准备。

夏至之扇

夏至是夏九九的起点。明代《五杂组》中的《九九歌》写得非常生动："一九二九，扇子不离手。"在没有空调的古代，扇子是夏天最好的清凉工具。唐贞观年间，李世民曾亲笔书扇，于端午节期间赐给近臣，说是"庶动清风，以增美德"，由此开端午、夏至赠扇之先河。唐人段成式《酉阳杂俎·礼异》说："夏至日，进扇及粉脂囊，皆有辞。"早期的扇子多由菖蒲制成，有禳毒的功效，所以也被称为"避瘟扇"。是以人们互赠扇子，寄托美好的节日祝福。由于皇帝的倡导，唐代送扇需求产生了市场，长安东市成了"扇市"。端午到夏至，亲友们之间除了馈赠扇子，还互赠脂粉。《辽史·礼志》："夏至之日，俗谓之'朝节'，妇人进彩扇，以粉脂囊相赠遗。"在朝节，女性互相赠送折扇、脂粉等什物。扇以生风，送来清凉；涂粉可防止生痱子。

此后，扇子又渐渐成为男女互赠的定情之物，如，五姐来是端阳，郎买白扇送娇娘，鞋袜破了姐来补，衣衫汗了送娇娘……得郎白扇也无妨……手拿白扇扇郎身，不扇情哥扇何人。

这一习俗在《红楼梦》第三十一回著名的"晴雯撕扇"情节中也有体现：端午佳节，宝玉因为金钏的事情情绪低落，回到房中，正在长吁短叹。晴雯不巧失手跌了宝玉的扇子，将骨子跌折，宝玉便说了她几句。晴雯不服怼了回去，把宝玉气得不轻……宝玉赴宴归来，为和晴雯和解，任由她撕扇子取乐，最后晴雯将宝玉手中的扇子撕了，又把麝月的扇子也撕了，两人才言归于好。

不知读者看到这段的时候有没有想过，为什么这里是跌碎了扇子而不是打碎了杯子或者其他物件呢？晴雯和园子里的很多少女一样，既倾慕于贾宝玉，也希望得到贾宝玉的青眼相待，但是她有自己的坚持和底线。在"撕扇"的情节中，晴雯曾直截了当地拒绝了贾宝玉的性暗示（共浴）。她不反感老太太给她安排的"未来姨太太"的身份，但她要的是一个"明公正道"，要的是两情相悦，所以哪怕在生命即将枯竭之时，晴雯也不过是和宝玉交换贴身之物，用一种凄凉的仪式祭奠他们的情谊。可见，晴雯虽是出身社会底层的婢女，在爱情观上却能正视心灵的需求，追寻和相爱之人平等的对话。

夏至，阳气至极，万物至盛，欣欣向荣。夏至给予人的最重要启示，不正是生命中那股坚韧、顽强地生发的力量吗？

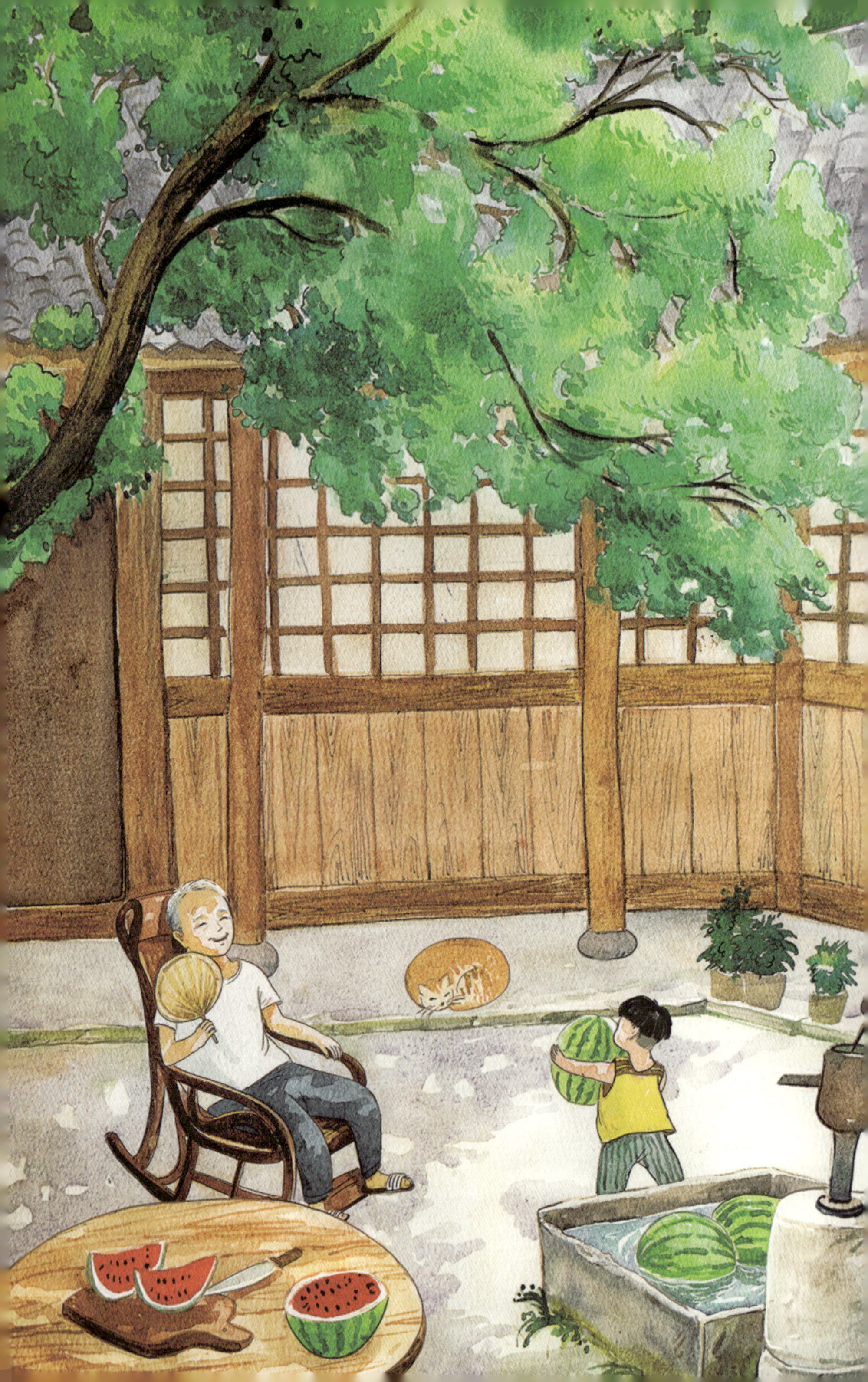

小暑

文_程 鹏

唐代诗人元稹的《咏廿四气诗·小暑六月节》："倏忽温风至，因循小暑来。竹喧先觉雨，山暗已闻雷。户牖深青霭，阶庭长绿苔。鹰鹯新习学，蟋蟀莫相催。"用细腻的笔触描绘了小暑三候与节气的特点，诗中景物动静结合、声色交融，给人以生动形象的画面感。

每年公历7月6日、7日或8日，太阳到达黄经105°，就进入了中国传统二十四节气中的第十一个节气——小暑。小暑是夏天的第五个节气，标志着炎热多雨的季夏时节到来了。《历书》曰："斗指辛为小暑，斯时天气已热，尚未达于极点，故名也。"小，微也；暑，热也。此时天气已经比较炎热，但还不是最热的时候，所以称小暑。《月令七十二候集解》中称"小暑，六月节"，并言："暑，热也，就热之中分为大小，月初为小，月中为大，今则热气犹小也。"

古代将小暑分为三候：一候，温风至；二候，蟋蟀居壁；三候，鹰始鸷（zhì）。进入小暑节气，天气变得炎热，大地上再难觅得一丝凉风，所有的风都是带着热浪的温风。由于蟋蟀还小，飞不远，就居住在墙下。鸷，凶猛。此时的鹰变得异常凶猛，杀气乍现。

一日热三分

小暑不算热,大暑三伏天。小暑虽然不是一年之中最炎热的时节,但紧随其后的就是一年之中最热的节气——大暑。俗话说小暑过,一日热三分,从小暑开始一直到大暑,天气愈发炎热,空气湿度也逐渐加大,闷热的"桑拿天"成为常态,故民间有小暑大暑,上蒸下煮之说。所以,从小暑到大暑这段时间,可以说是一年中最热的时节,正所谓小暑接大暑,热得无处躲,此时做饭也成了一项苦差事,所以才有小暑大暑,有米不愿回家煮的俗语。

天气炎热,人们不愿活动。古时行军打仗若遇到这一时节,士兵都希望能停战休兵。当然,暑夏炎热对敌方也是考验。《三国志·魏书·田畴传》记载,曹操北征乌丸时,听从田畴的计谋,撤退诱敌,署大木表于水侧路旁曰:"方今暑夏,道路不通,且俟秋冬,乃复进军。"敌军上当,以为曹军真离开了,结果溃败。《晋书·王鉴传》记载:"时杜弢作逆,江湘流弊,王敦不能制,朝廷深以为忧。鉴上疏劝帝征之。""议者或以当今暑夏,非出军之时。鉴谓今宜严戒,须秋而动。"可见暑夏出军并非良时。《水浒传》中的著名情节"智取生辰纲"也是发生在这一时节。炎天暑月,酷热难行。"祝融南来鞭火龙,火旗焰焰烧天红。日轮当午凝不去,万国如在洪炉中。五岳翠干云彩灭,阳侯海底愁波竭。何当一夕金风发,为我扫却天下热。"这八句诗可谓将这炎热天气描写得淋漓尽致。假扮成酒贩子的白日鼠白胜出场时的唱词则更加通俗易懂:"赤日炎炎似火烧,野田禾稻半枯焦。农夫心内如汤煮,公子王孙把扇摇。"暑热难消,口渴难熬,杨志和军汉们终于着了道,喝下了有蒙汗药的酒,被劫了生辰纲。

小暑时节，雨水增多，经常会有大风暴雨出现，有时还会伴有雷暴、冰雹。俗话小暑雷，黄梅回，小暑一声雷，倒转做黄梅，是指小暑时如果有雷雨，往往预示着"倒黄梅"天气的到来，潮湿闷热的雨天还要持续一段时间。从小暑到大暑，雨量的增多往往带来洪涝灾害，俗语有云，小暑大暑，淹死老鼠，说的就是小暑和大暑节气期间，降雨较多，雨量集中，地里的老鼠也会被淹死。所以，进入小暑后，许多地方便进入了汛期，防汛抗洪成为一项重要任务。

二十四节气作为一个完整的民俗系统，不仅反映了自然节律的变化，而且各个节气之间也有着紧密的联系。许多谚语就反映了小暑与其他节气的联系，其中尤以与大暑的联系最为紧密。小暑不见日头，大暑晒开石头，指的是小暑时如果是阴雨天没有太阳，那么大暑时将十分炎热，太阳都能把石头晒裂。小暑热得透，大暑凉飕飕，小暑凉飕飕，大暑热熬熬，则说的是小暑时如果天气非常炎热，那大暑时就会凉快一些，而小暑时如果天气凉爽，那么大暑时天气将非常炎热。小暑温暾大暑热，也是此理。小暑南风，大暑旱，指的是如果小暑时刮南风，那么在大暑的时候极有可能会出现干旱。小暑打雷，大暑破圩，是指小暑时如果打雷，大暑时会暴雨如注，冲破圩堤。还有小暑下几点，大暑没河堤，说的是假如小暑时下雨下得较小，那么大暑时就会下大雨，河水甚至会没过河堤。这种天气互补的气象规律，是古人的经验性总结。

小暑除了与大暑紧密相连外，还与其他月份、节气的天气变化有一定联系。如小暑热过头，九月早寒流，小暑过热，九月早冷，就是指小暑时如果过于炎热，寒凉的秋季就会较早来临。这种天气变化，实际上是节气征候提前的标志，小暑时已经如大暑时一般炎热，那炎热的夏季就会较早结束，正所谓小暑热过头，秋天冷得早。小暑大暑不热，小寒大寒不冷，是指小暑、大暑时如果不很炎热，那么在冬季小寒、大寒时也不会太冷。广西俗谚小暑有雨旱，小寒有雨冷，则是说小暑的时候如果下雨的话，那么今年可能会干旱，小寒节气如果有雨的话，那后面的天气会比较寒冷。

曝书又晒衣

小暑时节高温多雨，遇到晴朗的天气需要曝晒书籍、衣物、器具等。尤其是小暑前后的六月六，更是以曝书晒衣而闻名。农历六月初六是中国传统节日——天贶（kuàng）节，贶即赐，天贶节即天赐之节。据史书记载，宋真宗赵恒于六月六日声称上天赐予天书，遂定这天为天贶节，并在泰山脚下建造了一座雄伟的天贶殿，还规定官员放假一天。

民间有"六月六，晒红绿"的习俗，"红绿"代指五颜六色的衣服。相传这一习俗起源于唐代，传说唐代高僧玄奘从西天取佛经回国，经文被水浸湿，于六月初六将经文取出晒干，于是寺庙中便有了六月六晒经书的说法。唐代时，曝书已经形成制度，到北宋时，还形成了独特的馆阁翰院文人的曝书集会。皇宫内于此日为皇帝晒龙袍，故有六月六，晒龙衣，六月六，人晒衣裳龙晒袍等俗谚。在民间，人们也会趁着阳光明媚，将家中的衣物拿到阳光下曝晒，不仅防潮防霉、去湿防蛀，还对健康大有裨益。

伏羊一碗汤

小暑时，许多农作物和蔬菜瓜果已经成熟，所以有很多地方都有小暑"食新"的习俗。在南方稻作地区，人们将新收割的稻谷碾成米，制成米饭食用，或饮用新米酿造的新酒。同时，祭祀五谷之神和祖先，祈求风调雨顺、五谷丰登。民间有小暑吃黍，大暑吃谷之说。

在北方地区则是以面食为主，在鲁南苏北等地，有六月六，接姑娘，新麦馍馍羊肉汤的谚语，不仅讲述了六月六将出嫁的姑娘接回娘家的习俗，还道出了夏收过后，吃新麦馍馍、喝羊肉汤的食俗。有些地方则有六月六，吃炒面的习俗，相传此俗是六月伏日吃面的演变，最迟在魏晋南北朝时就已盛行。《魏氏春秋》中记载，三国曹魏时人称"傅粉何郎"的何晏，面容细腻洁白，"伏日食汤饼，取巾拭汗，面色皎然，乃知非傅粉"。《荆楚岁时记》载："（六月）伏日，并作汤饼，名为辟恶。"可知六月伏日进汤饼，已成辟恶之俗。

进入小暑以后，由于天气炎热，人们出汗多、消耗大、湿气重，容易出现周身乏力、脾胃不和、手足水肿等症状。所以在饮食方面应多吃一些解暑、健脾的食物。一些地区有小暑吃藕的习俗。莲藕富含蛋白质、淀粉、维生素、铁、铜、钾等补益成分，不仅营养价值高，而且有健脾止泻、清热凉血、补血生血等功效，小暑时食用还可祛除暑热、帮助睡眠。此外，用荷叶煮粥也是不错的选择，荷叶性平，味苦涩，有解暑热、清头目之功效，荷叶粥是夏天极佳的解暑食品。小暑是黄鳝最为肥美、价值最高的时候，民间有小暑黄鳝赛人参之说。黄鳝性温味甘，具有补中益气、补肝脾、除风湿、强筋骨等作用，小暑时吃黄鳝，不仅是享受当季的美味，而且对身体也有很好的滋补作用。

依照中医的观点，春夏养阳，冬病夏治，三伏天也是养生进补的重要时机。在江苏徐州、安徽萧县、上海奉贤区等地，就有伏天吃羊肉的习俗，伏天吃羊肉以热制热，可以排汗排毒，祛除湿气和冬春之毒，是以食为疗的典型代表。所以民间就有伏羊一碗汤，不用神医开药方的说法。上海奉贤区庄行镇在每年的三伏天都会举办伏羊节，三伏天吃羊肉喝烧酒的习俗在当地已有600多年历史，羊肉烧酒食俗也已被列入了上海市非物质文化遗产项目名录。

暑，是中医六邪"风、寒、暑、湿、燥、火"之一，很容易引起疾病。小暑时节，面对炎热酷暑，我们要顺应自然界的气候变化，在饮食及生活起居方面都需要多加注意。夏日炎炎，冷饮雪糕虽然诱人，但也不可多食，以免寒气入侵不能排出。在剧烈运动后不宜饮用大量冷饮，也不要冷热饮食交替入口。还有洗冷水澡、直吹空调等习惯，都会对身体健康造成不利影响。此外民间有冬不坐石，夏不坐木之说，夏天气温高、湿度大，露天的木制椅凳经过雨淋含有较多水分，再经太阳一晒，便会向外散发潮气，在上面久坐会诱发痔疮、风湿和关节炎等疾病。

作为炎热潮湿的长夏之始，小暑有着重要的预警作用，提醒人们为即将到来的伏天做好准备。古往今来，平民百姓用俚俗谚语总结生产生活经验，为平安顺利度过暑日贡献了民间智慧；文人雅士的诗词歌赋，则描绘了消暑纳凉的雅趣。树下地常荫，水边风最凉。树下水边固然是闲坐避暑的好去处，然而，热散由心静，凉生为室空，更是难得的心境。

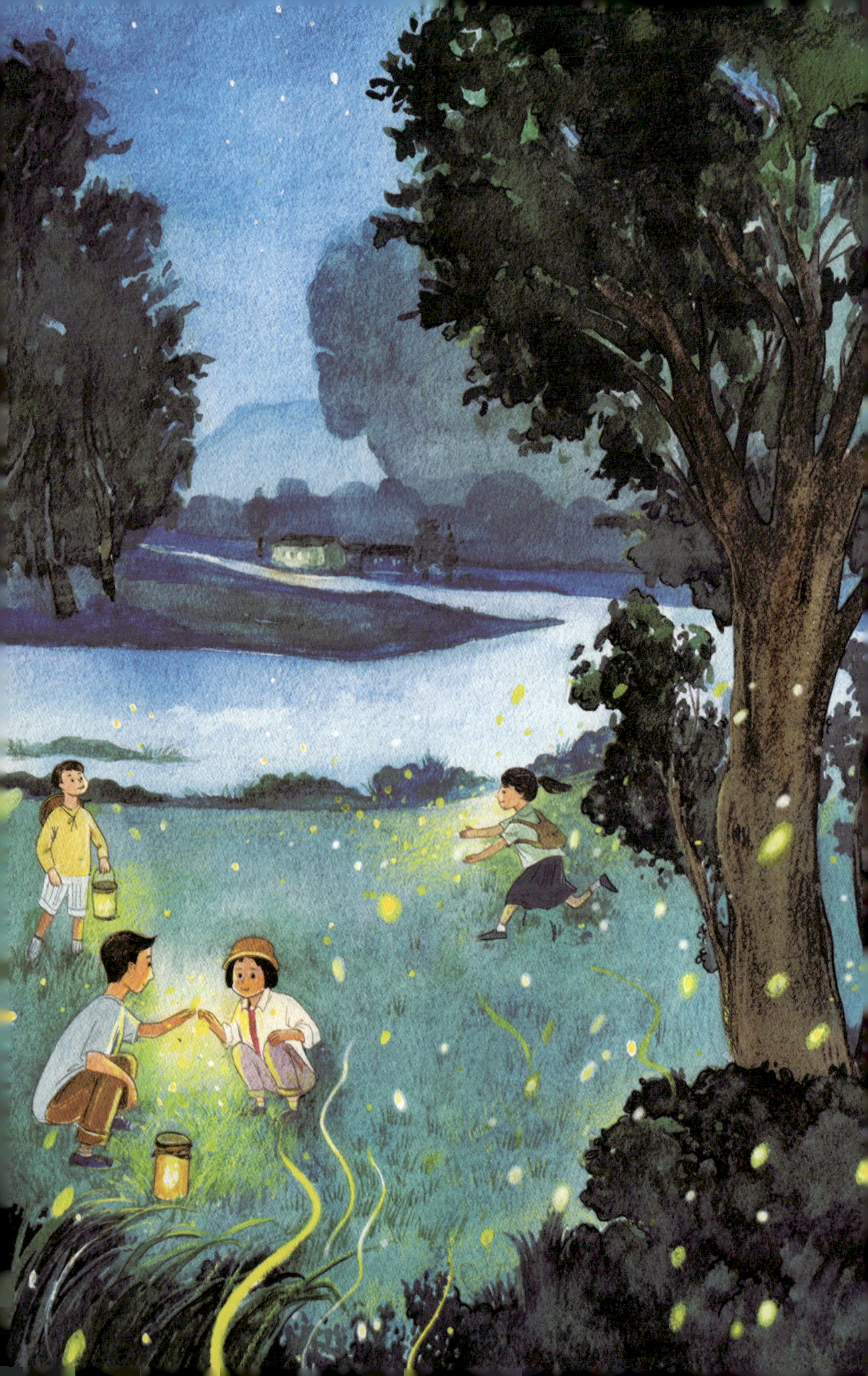

大暑

文_吴心怡

  大暑是一年中最热的一段时间。很久以前，大暑的酷热一样使人烦恼。顶着暑热，先民忙着播黍，忙着蓄瓠藏瓜，收芥子。这暑热也让他们开动脑筋，发明了许多解暑办法。与此同时，还有人思考，为什么最热的时候是大暑，而不是夏至？此时夜间飘飞的萤火虫，真的是腐草中产生的吗？不管怎样，"大暑三秋近"，大暑之后，秋天要来了，凉快的日子或许不远了。

  大暑是二十四节气中的第十二个节气，在小暑之后，立秋之前，在每年公历7月22日、23日或24日交节。此时，太阳位于黄经120°。《月令七十二候集解》中说："暑，热也，就热之中分为大小，月初为小，月中为大。"从中可以知道，先民们将这个节气称作大暑,就是出于对气温的观察。我们常说"热在三伏",大暑一般是处在中伏阶段。大暑意味着这一年最热的一段时期到了。时至今日,长江流域一年中的最高温,仍然经常出现在公历7月下旬到8月初这段时间,正是大暑时节。看来千年以后,祖先留下的经验仍然在发挥作用。

浪漫的夏夜神话

大暑有三候,一候腐草为萤,二候土润溽暑,三候大雨时行。大暑时节,天气闷热,土地潮湿,雷雨多发,夜空下,美丽的流萤时而汇聚成星河,时而如漫天星辰,上下纷飞,梦幻浪漫。

古人认为草木衰败腐烂之后就化作了萤火虫,我们知道,其实这是因为萤火虫的卵产在枯草上。但在古人眼中,腐草为萤是大暑的代表性物候。他们注意到,高温加速了潮湿地带草叶的腐化。与此同时,萤火虫总是出现在这些地区,有一些附着在露出土表的植物的根部,隐隐发光,有一些则徘徊飞行于腐烂的野草上。这就引起了古人的误解。新文化运动以后,人们对此提出怀疑:"死了的植物如何会变飞动的甲虫?"(顾颉刚《怀疑与学问》)在古代中国,腐草为萤是明确记载于《礼记·月令》中的,而《礼记》是儒家的根本经典,反对它就相当于反对圣人之言。清代的《红楼梦》里,还有一个一字谜"萤",谜底为"花",因为萤为草化,"草化"二字又合而为"花",贾府的才女们都将这当成常识。

腐草为萤虽然只是儒家经典里的一个小小的讹误,古人将此作为一个常识,必然会产生不好的影响。它曾被用来反对南北朝时期的唯物主义思想神灭论。南北朝时佛教的转世之说流行,此说认为存在一个不灭的灵魂,与之针锋相对的观点就是神灭论。今天提到神灭论,通常会联想到南朝齐梁时范缜写的《神灭论》,差不多同一时期的北朝,邢邵也主张"神之在人,犹光之在烛。烛尽则光穷,人死则神灭",并且认为超自然的造化是不存在的。杜弼反对这个观点,其中一个理由就是:"腐草为萤,老木为蝎,造化不能,谁其然也?"(《北齐书·杜弼传》)将腐草为萤这个认识上的讹误,当成了存在超自然力量的依据,认为这么神奇的变化,只有造化才能做到。史书说邢邵"理屈而止"。经典里的小小讹误,导致邢邵无法再针对"腐草为萤"作出进一步辩论,也导致古人唯物主义思想的发展受到了限制。

到了清朝乾嘉时期,崇尚实证的学风产生了,学者终于可以大胆质疑经典上的旧说,腐草为萤的说法也得以纠正。郝懿行在他的《尔雅义疏》中提出,萤由草化生之说并不可靠,"盖萤本卵生,今年放萤火于屋内,明年夏细萤点点生光矣",他用室内蓄养萤火虫的实验,证明萤火虫存在虫卵阶段,体现了不迷信权威的科学精神。

不过,从文学的角度看,腐草为萤是一则具有浪漫色彩的夏夜神话,它为文学家的创作带来了灵感。五代诗人徐夤就有一首题为《萤》的诗:"月坠西楼夜影空,透帘穿幕达房栊。流光堪在珠玑列,为火不生榆柳中。一一照通黄卷字,轻轻化出绿芜丛。欲知应候何时节,六月初迎大暑风。"从最后一句可知,诗人吟咏的正是大暑时节出现的萤火虫。萤火虫的微光点亮了夜空,点亮了人们的窗户,也点亮了诗人的才思。诗的颈联中,"黄卷"与"绿芜"构成了对仗,"一一"句使用了古代车胤囊萤照读的典故。

燎沉香,销溽暑

二十四节气既是时间的流转循环,也是古代农业社会的行事指南,大暑与农业生产关系密切。据崔豹《古今注》记载,原产于中国的作物黍,就是因为它需要在大暑时节种植而得名的。炎热的夏天，也是不少瓜果成熟的季节。东汉时期的农书《四民月令》记载："大暑中伏后，可畜瓠藏瓜，收芥子，尽七月一。"瓠即瓠瓜、葫芦，上海话俗称"夜开花"的也是瓠瓜的一种。大暑时节天气炎热到了极点，瓜果容易腐败，因此在大暑第二候土润溽暑以后，就要考虑如何储藏了。另外，从大暑到农历七月，还是芥子收获的时节。收芥子，要经过收割、晒干、打种、除去杂质这许多工序。随着农业的发展，作物的种类越来越繁多。早稻推广以后，大暑、处暑时期还有收获早稻的任务。大暑时候高温，土壤和植物的水分蒸发快，需要时刻提防干旱。棉花、大豆的需水量在这时达到高峰，不能忽视浇灌。农事是不等人的，一代代农民在大暑时节的辛勤劳作，才使得我们的文明绵延至今。

在农事之外，另一件需要关注的事，就是避暑。

直至今日，大暑的酷热也经常让人感到难熬，更不用说科技还不发达的古代了。有没有不怕热的人呢？桓谭《新论》中记载，汉元帝时，曾经有道士王仲都被推荐给朝廷。皇帝问他擅长什么，他回答说："但能忍寒暑耳。"于是汉元帝将他封为待诏，为了检验他忍耐寒暑的能力，在大暑之日让他坐在烈日之下，用十个熊熊燃烧的火炉将他包围，王仲都不仅没说一个热字，连汗都没有流。

那么其他的古人，既没有王道士那样不怕热的能力，也没有空调，有没有什么特别的避暑方法呢？首先能想到的就是用扇子扇风去暑。《唐语林》中记载唐玄宗有一座凉殿，殿里装有靠水流驱动的风扇。《天工开物》中记载了一种飏扇，它是靠人力驱动机械扇片，制造凉风。另一种办法是用冰来降温，历史非常悠久，《周礼》中就记载了"冰鉴"，其实就是金属制成的储冰箱，可以用来降温和冰镇饮品瓜果等。还有人利用井水比较寒冷的特性，在房屋中开一个洞，直通深井，甚至有人在井上建屋。

不论是机械扇，还是冰块，或是井上盖房，对于古人来说，都是非常奢华的享受，寻常百姓难以承受其费用，只能从衣着上想办法。用清凉透气的布料制成夏季衣装就变得十分必要了。苎麻纤维制成的夏布，葛纤维制成的葛布，都是夏季衣料的上选。如果夏衣设计轻便，颜色浅淡，则更添舒适之感。据《宋史·舆服志》记载，南渡后，士大夫喜欢穿着的轻便紫衫，其款式便由戎装演变而来。到了绍兴二十六年（1156），朝廷认为此时不宜再穿戎装，紫衫就被禁止了。到了宋孝宗年间，士大夫将款式和紫衫相同，颜色改为纯素色的衫子当作便服，称为凉衫。不染色的凉衫更加不易吸热。但是，不染色的布料在古代通常被视为凶服，士大夫若时常穿着纯素的衫子交际、办公乃至面对百姓，实在有碍观瞻。礼部侍郎就将这个问题反映给了皇帝。于是皇帝下旨，准许以紫衫代替凉衫，凉衫只允许在乘马道途中穿着。

另一种用来消暑的方法是焚香。有人可能会觉得奇怪：焚香要点火，应该更热了，为什么反而可以消暑呢？这就要说到大暑的第二候土润溽暑。所谓溽暑，就是湿度大引起的闷热。夏季，即使同样的气温，在南方总会感觉比在北方更难熬一些，这就是南方湿度更大的缘故。焚香就可以有效减少空气中的湿度。周邦彦《苏幕遮》词云"燎沉香，销溽暑"，就是指在暑热时焚香消暑。制香时若加入龙脑、薄荷之类的材料，还有一些提神醒脑的作用。这种消暑方法，今天已经不多见了。

除此之外，古人还有独特的饮食解暑法。东汉末年，刘松北镇袁绍军，与袁绍家的子弟在三伏天酣饮，号称"避一日之暑"——饮得昏天黑地，意识都失去了，自然也就不觉得热了。因为袁绍是河朔地区的霸主，这种靠饮酒来逃避暑热的办法也就被称为"河朔饮"。虽然看起来很豪放，但并不总是受到认可，毕竟饮酒是件伤身的事。到了唐代以后，人们越来越觉得保持一份宁静的心情，更加有助于忘却暑热。白居易《销暑》诗就说："何以销烦暑，端居一院中。"又说："热散由心静，凉生为室空。"古人深明"心静自然凉"的道理，在自己家里没办法感受心静，就逃到深山寺院中避暑，这也被称为"逃大暑"。梅尧臣有一首《中伏日陪二通判妙觉寺避暑》（中伏几乎与大暑重叠），诗中说："绀宇迎凉日，方床御绤衣。清谈停玉麈，雅曲弄金徽。高树秋声早，长廊暑气微。不须河朔饮，煮茗自忘归。"身居清凉的寺院中，穿着轻薄的细葛做成的衣服，清谈、调琴，倾听着高树间寒蝉的吟唱，真是一种享受。在诗人眼里，饮一碗漂浮着厚厚雪沫的茶汤，不仅可以发汗，还有利于静心，这使他流连忘返，相比那自我麻醉的"河朔饮"，自然是高明太多了。时至今日，部分地区流行的大暑时节风俗，如饮伏茶、喝伏姜、吃伏羊，也都是依靠食用较温热的食物发汗，达到降低体温的效果。

如果这些解暑的方法，都不能缓解闷热带来的烦躁，那么还有最后一个好消息：大暑的到来，意味着酷热的夏天马上就要结束了。

报秋的大暑，夏天的尾巴

二十四节气里，大暑是农历上半年最后一个节气。古人以农历三个月为一季，四月、五月、六月因此分别称为孟夏、仲夏、季夏。"大暑六月中"，属于季夏的后半段，毫无疑问是夏天的尾巴。

唐代的文人元结曾经写过一篇《寒亭记》。文中的亭子，是道州江华县南一座新近建造于山石之上的小亭，他游览时正逢大暑时节，却将这亭子命名为"寒亭"。他的理由是："今大暑登之，疑天时将寒。炎蒸之地，而清凉可安。不合命之曰'寒亭'欤？"此时是大暑，是夏天的最后一个节气，之后天气马上就会寒凉下来，纵使现在一片炎热，暑气蒸腾，心中仍然感到了清凉和安宁。

苦夏之时，大暑意味着夏天即将结束，或许是一个好消息。但它也意味着一年已经过半，对于惜时的人来说，又是一个坏消息。司马光曾有一首《六月十八日夜大暑》："老柳蜩螗噪，荒庭熠耀流。人情正苦暑，物态已惊秋。月下濯寒水，风前梳白头。如何夜半客，束带谒公侯。"可以想象，在这个大暑的夜晚，老柳树上的蝉声吵得司马光难以入眠。睁开睡眼，推开门户，庭院荒草上闪烁着萤火虫的微光，让他想起了腐草为萤，陡然意识到此时已是大暑，天地万物已经准备迎接秋天的到来了。难以入眠的他，在月下风前，用寒凉的井水洗濯，梳理白发，月光也照在他的白发上，他想起自己已经不再青春。已经年老的自己，只是这样的暑热就辗转反侧，还如何整衣束带，拜谒公侯，为他们出谋献策呢？这夏夜的忧愁，是大暑时节才会有的情思，也是心系天下的人才会有的情思。

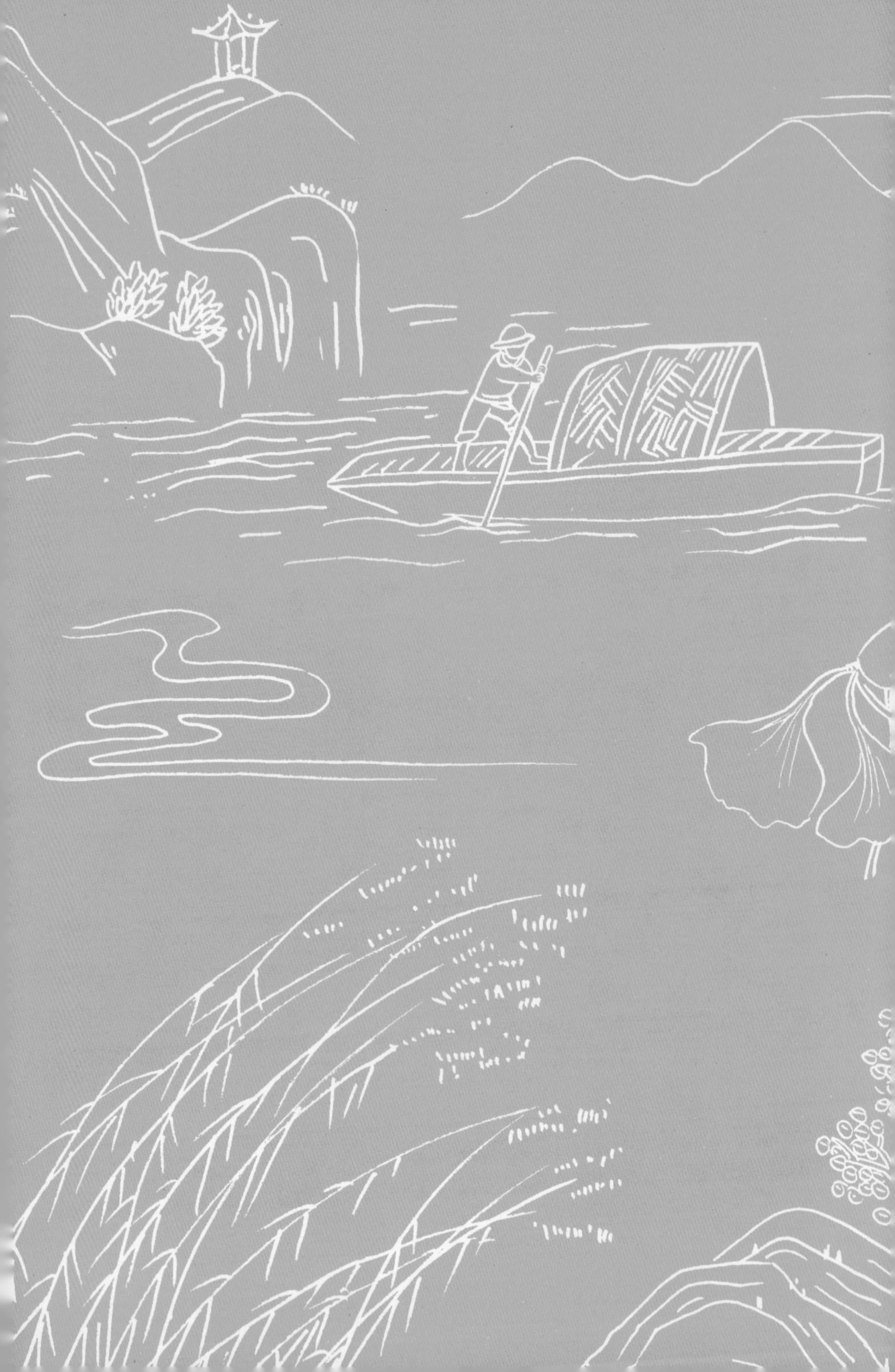

Autumn 秋

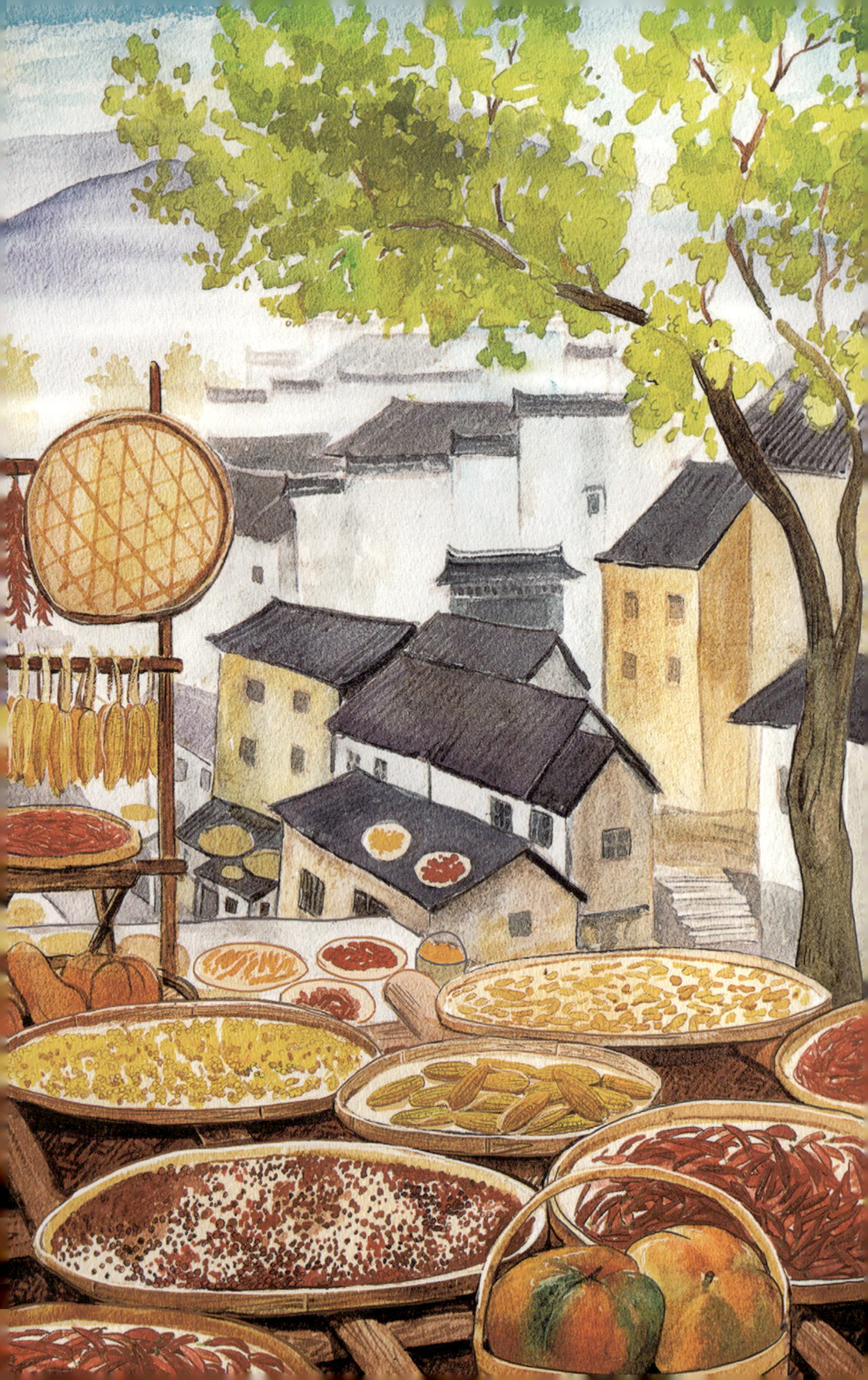

立秋

文_袁 瑾

立秋节气在每年公历8月7日、8日或9日，太阳到达黄经135°，是秋天的第一个节气。俗谚云"是至立秋年过半，日月如梭转瞬间"，《管子》上也有"秋者阳下，故万物收"之句。此后暑热寒凉交替，阴阳互转，自然界万物随着阳气的下沉而收敛，从繁茂趋向成熟。

秋，有初（孟）秋、仲秋和深（季）秋之分。初秋又被唤作"新秋"，新秋意味着暑去凉来，凉爽的秋天要来了，唐人刘禹锡便以"山明水净夜来霜"赞美秋色的闲淡清韵，洁净澄明。"暑中剩喜立秋初"（杨万里《六月二十三日立秋》），不耐暑热的人们格外盼望凉风起。然而在南方，立秋并不等于入秋。此时尚处中伏，酷热难耐。立秋后的第一个庚日便是末伏的开始，民间就有了"秋后一伏"之说，真正的凉爽大约要到白露节气之后吧，于是杨万里只能无奈地"旋汲井花浇睡眼，洒将荷叶看跳珠"。

立秋有三候，一候凉风至，二候白露降，三候寒蝉鸣。立秋后的风不同于盛夏的热风，人们会感到凉爽。白露降有两种说法：一种认为指的是随着昼夜温差变大，空气中的水蒸气在草木上凝结成一颗颗晶莹的露珠；一种认为白露是"茫茫而白者，尚未凝珠"，苏轼吟咏的"白露横江"，就是蒙蒙薄雾笼罩江面。寒蝉在树枝上鸣叫着，似乎在告诉人们暑气即将消退。

梧桐报秋，楸叶添妆

《淮南子·说山训》云："见一落叶，而知岁之将暮。"此"叶"便是梧桐叶。明人张岱在《夜航船·秋》中认为此种说法源于古诗"梧桐一叶落，天下尽知秋"。梧桐是秋的报信者，南宋时"梧桐报秋"曾经是一种宫廷仪式。宋代吴自牧《梦粱录》卷四记载，待到立秋交节的时辰，太史官穿着隆重的礼服，手持朝笏，抑扬顿挫地奏报："秋来了！"声音雄浑悠长，"其时梧桐应声飞落一二片"，甚是应景。宋代布衣诗人刘翰久客临安，一日为凉意所惊，从梦中起身，却见寂静院落中、朗朗月色下，唯有满阶片片梧桐落叶，透出丝丝秋意，于是便写下了"睡起秋声无觅处，满阶梧叶月明中"（《立秋》）。

在古人眼中，梧桐是有灵性的，它能"悟秋"并知时令。宋代陈翥《桐谱·杂说》引《遁甲书》说梧桐可辨"日月正闰"，梧桐"生十二叶，一边有六叶，从下数一月，有闰则十三叶，视叶小者，则知闰何月也。不生则九州异君"。意即梧桐树枝上长着十二片叶子，每片叶子代表一个月，闰月再多长一片小叶子，于是人们看看小叶长在何处，便可知哪个月是闰月了。此法是否奏效，尚不可知，不过梧桐叶与秋的故事还不止于此。据《吕氏春秋·审应览》记载，西周初年的一天，年幼的周成王和弟弟叔虞一起玩耍，他随手捡起飘落的梧桐叶，剪成珪形，以此为信，将唐国"戏封"给叔虞。周公以"天子无戏言"为据，遂封叔虞于唐。叔虞死后，他的儿子燮父继位，改国号为晋。这一事件史称"桐叶封弟"，"剪桐"便成了分封的代名词。汉代有民谣唱"汉妃抱娃窗前耍，巧剪桐叶照窗纱"，想来当时将梧桐叶剪成各种图形贴在窗上逗弄着孩子，已是家中妇女取乐玩耍、装点生活的惯常游戏了。

　　唐时立秋，女子爱剪楸叶，戴在发间，用以装扮。李时珍《本草纲目·木》载："唐时立秋日，京师卖楸叶，妇女、儿童剪花戴之，取秋意也。"楸树，是一种小型乔木，李时珍认为它是最早感知到秋意的树，因此称之为"楸"。北宋时，山阴（治今浙江绍兴）学者陆佃有"木名三时"之赞，云："椿树旺于春，榎树旺于夏，楸树旺于秋，可称'木名三时'。"（《埤雅》卷十四）后来，他的孙子南宋诗人陆游夏末初秋在中庭纳凉时，心动于红霞映日之中楸树细枝随风荡漾的婀娜风姿，不由感叹"摇摇楸线风初紧，飐飐荷盘露欲倾"（《中庭纳凉》）。祖孙俩同咏楸木，心有灵犀。此俗宋时颇为流行，南宋临安内外，于立秋日"侵晨满街叫卖楸叶，妇人女子及儿童辈争买之，剪如花样，插于鬓边，以应时序"（吴自牧《梦粱录》卷四）。明承宋俗，"立秋之日，男女咸戴楸叶以应时序"（田汝成《西湖游览志余》卷二十）。有的人也喜用石楠红叶剪成花瓣状，插在发际鬓边，黑发红花，分外俏丽。

　　说到立秋日的古俗，南宋范成大《立秋》云："折枝楸叶起园瓜，赤豆如珠咽井花。洗濯烦襟酬节物，安排笑口问生涯。"除了戴楸叶，南宋时亦有吃瓜豆、咽井水等诸多节物风俗，甚是欢乐。明人冯应京在《月令广义》中对此做了一番解释，他说在立秋日拿七粒或是十四粒赤豆，顺井水咽下，一整个秋天就不犯痢疾了。这个说法自然经不起什么推敲，后来清代江浙一带民间亦笃信此俗，应是讨个彩头，有祛病祈福之意。

农事不歇，秋收同欣

立秋前后，我国大部分地区农作物生长旺盛。北方地区棉花结铃，大豆结荚，玉米抽雄吐丝，甘薯薯块快速膨大。南方水稻种植区亦是一片忙碌，此时正是江南双季稻晚稻结穗期，农人们要把稻田里的水放干，在太阳下曝晒十余日，再灌水入田，称为"搁田"或"搁稻"。《陶朱公书》对此早有记载："稻田立秋后不添水，晒十余日，谓之搁稻。"搁稻主要是为了防止稻禾结穗时的倒伏。稻田放水后一直要搁到"田间不陷脚，田边开细坼，土面露白根，稻叶坚挺拔"的程度才算成功。即水田底部的泥土晒得要半干，田边微微有些裂缝出现，这样稻禾的根便能往下深扎，抑制无效的分蘖。根扎得越深，植株越是直立而强壮，愈是可以保证后期结穗丰产。农谚"秋前不搁田，秋后叫皇天"说的便是此意。搁田十余日后，要还水。还水讲究少量多灌，正是"浅灌勤灌搭浆水，干干湿湿直到老"。

水稻陆续抽穗，眼见着丰收在望，此时每一声雷鸣、每一滴雨水都牵动着农人的心，他们将之视为关乎田地收成的某种征兆。打雷了，就说"秋毂碌，收秕谷"。毂碌，音似轱辘、咕噜，本义是车轮或者车轮转动的声音，这里模拟雷声；秕谷，是干瘪不饱满的谷子。此谚意指若是立秋这天打雷，那么瘪谷、坏谷就多，田地也要减产。对此，南宋范成大《秋雷叹》一诗早有记载："立秋之雷损万斛，吴侬记此占年谷。"《宋诗纪事》载："吴谚：'秋字辘，损万斛。'"如果立秋听见雷声，作物就会歉收。

随着瓜果菜蔬渐渐成熟，农人们也陆陆续续开始晾晒农作物，俗称"晒秋"。晒秋并不只在立秋，从农历六月六便开始了，立秋之后渐入高潮。江西婺源篁岭古村落每年都要举行晒秋节。篁岭是一个挂在崖壁上的村落，几百栋徽派民居沿着山势高高低低地分布，各家各户多利用房前屋后的小片空地或是屋顶平地晾晒。人们将果物菜蔬铺在圆圆的晒匾内，搁在晒架上。红的辣椒、金的皇菊花、黄的玉米、酱色的干菜、绿油油的油茶果等，从山上一直延伸到山脚，恰是一幅挂在山间的油画，色彩浓郁得化不开。

立秋节气前后，在湖南花垣、凤凰、泸溪等县的苗族聚居地还要举行隆重的赶秋节。这是苗族人民欢庆丰收的盛大节日，历史悠久。赶秋节，也叫"赶秋场""交秋"。每年立秋日，逢到哪个地方是墟场（即赶集的地方），哪里便是当年的秋场。是日，男女老少便放下手中活计，卸下肩上的担子，穿上艳丽的苗族节日盛装，从十里八乡、四村五寨赶去秋场，迎接代表丰收的秋公、秋婆，这便是迎秋仪式。条条山路上，人群熙熙攘攘、川流不息，各村寨的狮子灯、龙灯队伍，敲锣打鼓、边行边舞。

赶秋节除了迎秋还有祭秋、闹秋等环节。在肃穆的祭祀蚩尤、土地神仪式之后，苗族青年男女便涌向约八米高的八人秋，欢欢喜喜地闹秋。秋千呈纺车状，有相互错开的八架车辐，每架可坐一人。送秋人用力推动，秋千便旋转起来，越转越快。突然，送秋人用力顶住秋千横木，秋千戛然而止，停在秋千最高处的人便被罚唱山歌。姑娘、小伙子兴高采烈地认罚，用优美的歌声向爱人表达情意。当对歌声起，欢乐的气氛也达到了高潮。

自古以来，思古念祖，感恩万物，是中国节气节庆活动的伦理内核与文化特性，立秋亦不例外。在云南，"彝族三年杀牛大祭，曰'祭添'。立秋日则于高山丛林中集会，名曰'松花酒'"（《姚安县志》）。在湘西，当地苗族人民于立秋日用最大的热情和生活的智慧感谢着自然的馈赠，抒发着心中对生活最美好的憧憬。

啃秋贴膘，食补养生

清代苏州文人顾禄在《清嘉录》写道："立夏日，家家以大秤权人轻重。至立秋日又称之，以验夏中之肥瘠。"江南民间流行立秋悬秤称人，将称得的体重与立夏时比一比，以检视肥瘦。中医有"苦夏"之说，夏天炎热，饭菜清淡，人们大多没什么胃口，三个月下来，往往会消瘦，无病也是三分虚。立秋以后，天渐渐有了凉意，便自然要吃点儿有营养的东西，补一补夏天身体的虚空，这便是人们常说的"贴秋膘"。

贴秋膘吃什么呢？民间首推"以肉贴膘"，用吃肉的方法把夏天掉的膘补回来。炖肉、烤肉、红烧肉、焖肉、白切肉，还有肉馅儿饺子、炖鸡、炖鸭、红烧鱼等，翻着花样往餐桌上端。此时，尚在夏暮，河塘中莲叶碧绿，用鲜荷叶裹上炒好的香米粉和调好味的肉，一同蒸制，便有了一道时令美食——荷叶粉蒸肉。清人袁枚在他的《随园食单》中记述有粉蒸肉的做法："用精肥参半之肉，炒米粉黄色，拌面酱蒸之。"并赞之"以不见水，故味独全"，因蒸煮时不加水，五花肉的鲜美被完完全全地保留下来了。荷叶，不仅气味芬芳，亦有药用功效，能够"生发元气，裨助脾胃，涩精滑，散瘀血，消水肿、痈肿"（李时珍《本草纲目》）。以荷叶裹肉，荷香扑鼻，粉肉酥软入味，烂而不腻，不仅是下饭佐酒的美食，亦能清热解暑，生发清凉，很是适合暑热未退的立秋气候。

还有一道淮扬名菜——狮子头，也是贴秋膘的美食。"狮子头者，以形似而得名，猪肉圆也。"（徐珂《清稗类钞》）汪曾祺在《肉食者不鄙》中写到淮安狮子头的做法：猪肉肥瘦各半，爱吃肥的亦可肥七瘦三，要"细切粗斩"，如石榴籽大小（绞肉机绞的肉末不行），荸荠切碎，与肉末同拌，用手抟成较大的球，入油锅略炸，至外结薄壳，捞出，放进水锅中，加酱油、糖，慢火煮，煮至透味，收汤放入深腹大盘。狮子头松而不散，入口即化，北方的"四喜丸子"不能与之相比。做狮子头的诀窍在于不能用绞碎的肉末，而要用刀把肥瘦兼具的肉块切成肉末，否则滋味大减。这一点，梁实秋先生在《雅舍谈吃》中也特别强调过。这道菜看似简单，实则颇是讲究，深谙门道的大师傅会根据季节的不同调整用肉的肥瘦比例，比如夏天肥瘦五五分，秋冬则可以提高肥肉比例，三分瘦、七分肥。

立秋节气，各地多有吃瓜的习俗，俗称"啃秋"，既为解暑，也为防病。清朝张焘的《津门杂记·岁时风俗》记载："立秋之时食瓜，曰咬秋，可免腹泻。"按照《清嘉录》所记，清代立秋前一个月，苏州坊巷中已有小贩担卖西瓜，也有乡人以小船载瓜"往来于河港叫卖者，俗呼'叫浜瓜'"。到了立秋那天，"居人始荐于祖祢，并以之相馈贶，俗称'立秋西瓜'"。民国《首都志》也有"立秋前一日，食西瓜，谓之啃秋"的记载。如今，立秋祭祀的习俗慢慢淡了，不过吃西瓜的惯例却保留了下来。

西瓜瓤红汁多味甜，被誉为"瓜果之王"，是消暑的佳品。北宋张择端《清明上河图》长卷上，当街叫卖西瓜的景象清晰可见。范成大《四时田园杂兴》呈现出一番"童孙未解供耕织，也傍桑阴学种瓜"的忙碌场景，可见于农家而言，当时这也是一项颇为要紧的家庭经济科目。在历代文人咏诵西瓜的诗句中，宋末元初诗人方一夔的《食西瓜》别出心裁，绘声绘色地描写了人们聚拢吃瓜的情景："香浮笑语牙生水，凉入衣襟骨有风。"此二句将西瓜的清凉生津体现得淋漓尽致。为此，诗人竟也甘愿放弃仕途，安心做一个看瓜老农。

不过，立秋时暑日的余热未散，中医们常说此时饮食要注意"燥则润之""注重养收"，如西瓜这一类性寒的果物，以前可以放心大吃的水果，此后便不宜多吃，否则容易吃坏肚子。于是立秋啃瓜在人们心中隐隐有了依依作别的意思。

宋玉《九辩》中有云："悲哉，秋之为气也。"传统文人笔下，秋多给人肃杀、萧瑟之感，秋风萧瑟、秋雨绵长、秋思难抑的意象深入人心并绵延至今。与此同时，秋又有着它热烈、明快的美感与诗意。立秋处于夏秋交替之际，人们设计出种种仪式与习俗，调适自身，以适应自然节气流转轮替。暑热渐消的清朗让人欣喜，土地的丰收令人眷恋，赶秋的热闹使人沉醉，啃秋的欢喜叫人如何不陶醉。一个充满人间烟火的诗意的秋早已在人们的心中。

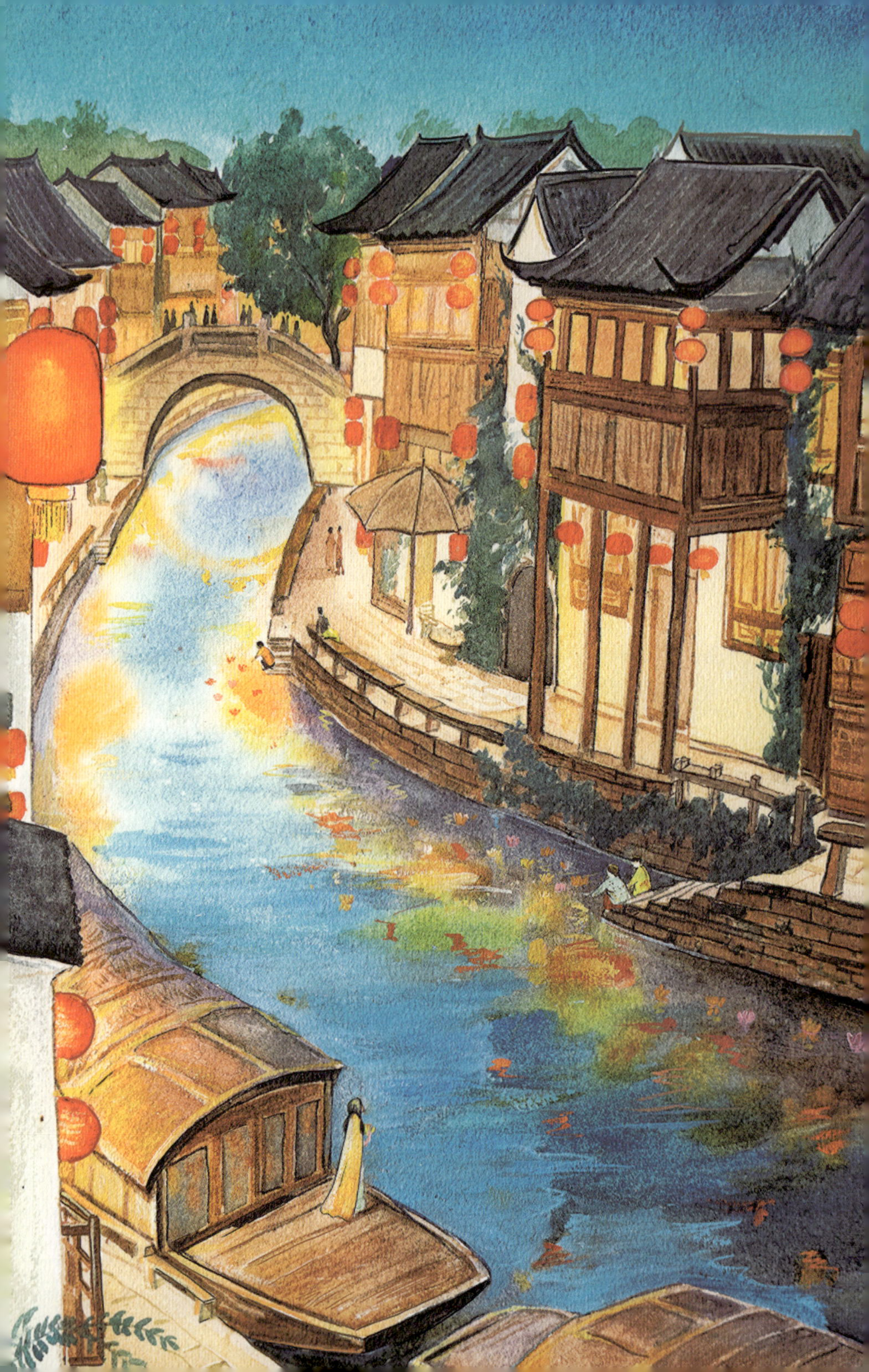

处暑

文_江隐龙

虽然从天文学的角度来看,二十四节气平均分配了太阳在一年里走过的黄经度数,但正如梁山好汉的座次有尊卑之别一样,节气之间也并非平起平坐。处暑,便是二十四节气里存在感不那么强的一个。

唐代孔颖达注《逸周书》云:"处暑,暑将退伏而潜处。"元代吴澄《月令七十二候集解》又载:"处,去也,暑气至此而止矣。"可见处暑即暑气到此为止之意。中国天文学会将处暑的英文译名定为"the End of Heat",是不带一点儿修饰的直译。当太阳到达黄经150°时,处暑便到了,在每年8月22、23或24日。此时的白天热,早晚凉,"处暑热不来""处暑无三日,新凉直万金"便是此时天气的特点。

疾风驱急雨，残暑扫除空

关于处暑的诗远不及立春、清明、冬至这些"热点节气"多，宋代仇远的一首《处暑后风雨》却写得颇为闲适雅致："疾风驱急雨，残暑扫除空。因识炎凉态，都来顷刻中。纸窗嫌有隙，纨扇笑无功。儿读《秋声赋》，令人忆醉翁。"

诗的大意是：疾风劲雨将残存的暑气一扫而空，天气顷刻间便凉爽起来。带着缝隙的纸窗不耐冷风，团扇已派不上用场。听到孩子们诵读《秋声赋》，令人回想起其作者——自号"醉翁"的欧阳修。

仇远的诗，题目写的是处暑，起笔却是风雨。民谚"一层秋雨一层凉"，将"残暑"一扫而空的是突如其来的疾风急雨。事实上，南方地区的处暑还远远称不上凉爽，《清嘉录》里说得分明："土俗以处暑后，天气犹喧，约再历十八日而始凉。谚云'处暑十八盆'，谓沐浴十八日也。"意思是处暑之后，炎热的天气至少还会持续18天左右，天气热到每天要在盆里泡个澡，一连18天。

百姓眼中的处暑，其势甚至比三伏天还烈，尤其是在江南，甚至还有"大暑小暑不是暑，立秋处暑正当暑""处暑天还暑，仍有秋老虎"的说法。这便不免令人觉得讶异：二十四节气中至热当数大暑、小暑，之后经过立秋的过渡，到处暑应当已迎来了由热转冷的转折点，但为何百姓还畏秋如虎？如此说来，处暑是不是起错了名字？

二十四节气中的"四立两分两至"以太阳运行位置为基础的节气，只要宇宙环境没有巨大的变化，其特征便能保持极强的稳

140 二十四节气里读懂中国

定性。而像处暑、小寒等以寒暑命名的节气，因为寒暑取决于人自身的冷热感知，感受会因人因地不同而有所差异。在同一地域，人与人之间的体感尚有差异，当将范围扩大到疆域辽阔的中华大地时，差异自然更明显。当中原已经春暖花开时，西北高原依然萧瑟凄楚；当北方人已经感叹"暑气到此为止"时，南方人依然还要在漫长的酷热环境中苦熬十八天。

纵然处暑时暑气已如强弩之末，但其完全消退还要一段时间。如同过了夏至意味着白昼渐短但不意味着昼短于夜一样，酷热的天气不会在处暑戛然而止。农历中最热的"三伏天"在立秋后第二个庚日前一天结束，毗邻着"三伏天"的处暑当然不太容易能感受到凉意，但清晨与夜晚的寒意悄然而至。白日里偶然的一阵大雨，便能让天地一下凉爽起来，那就是仇远《处暑后风雨》中所感叹的"因识炎凉态，都来顷刻中"了。

古人会在冬至日准备一幅九九消寒图，上画一枝梅花，枝上的花朵共计81瓣，每天用红笔涂一瓣，涂完之日便是数九寒冬结束之时。其实，农历除了有"冬九九"，也有"夏九九"。古人将夏至后的81天和冬至后的81天各分为9个时段，每个时段有9天，分别称"夏九九"和"冬九九"，并按照次序定名为头九、二九……九九，而处暑，便处于七九、八九这一时段。民间有版本众多的《九九歌》，如，七九六十三，床头摸被单。八九七十二，子夜寻棉被。又如，七九六十三，夜眠寻被单。八九七十二，被单添夹被。再如，七九六十三，床头寻被单。八九七十二，思量盖夹被。……

显然，《九九歌》以中原地区百姓的体感为基础，中国位于北半球，太阳的余威在北方消退得要快一些。而在江南，古人显然有另外一番体验。南宋范成大在《秋前风雨顿凉》的颔联中写道："但得暑光如寇退，不辞老景似潮来。"范成大将暑气视为"寇"，可见他对暑气的厌恶，对天气顿凉的喜爱。或许，江南人自古以来就对处暑这个节气不太买账，毕竟立秋已经半月有余，真正意义上的秋天却还是遥遥无期呢！

除了南北差异，城乡的处暑也有差异。南宋陆游《秋怀》有云："城市尚余三伏热，秋光先到野人家。"同是初秋时节，闹市里的三伏天余威未尽，乡间却已是秋日风光。先不说这是不是热岛效应，古人已能察觉到城市与乡村间的气候的差异。

《秋声赋》与处暑三候

仇远《处暑后风雨》的最后一联为"儿读《秋声赋》，令人忆醉翁"，醉翁欧阳修的名篇《秋声赋》被誉为两宋文赋典范：

> 草木无情，有时飘零。人为动物，惟物之灵，百忧感其心，万事劳其形，有动于中，必摇其精。而况思其力之所不及，忧其智之所不能；宜其渥然丹者为槁木，黟然黑者为星星。奈何以非金石之质，欲与草木而争荣？念谁为之戕贼，亦何恨乎秋声！

欧阳修在赋中借秋声告诫世人不应悲秋恨秋，而应反求诸己，而这种不屈的精神背后，反过来更加印证了秋日肃杀的氛围。且看处暑三候：鹰乃祭鸟、天地始肃、禾乃登。前两候都与秋天肃杀之气相应。

鹰是天生的猎杀者。中国人自古对鹰多有推崇，《列子·黄帝》有"黄帝与炎帝战于阪泉之野，帅熊、罴、狼、豹、䝙、虎为前驱,雕、鹖、鹰、鸢为旗帜"的描述,可见早在上古时代,鹰便是能与熊狼之属媲美的猛禽,连黄帝也不忘在旗帜上绣上鹰的图腾以壮军威。古人对鹰的偏爱也体现在节气时令中。七十二候里,关于鹰的就占了三条,分别是惊蛰第三候鹰化为鸠、小暑第三候鹰始鸷、处暑第一候鹰乃祭鸟。

鹰乃祭鸟,与前面二候又有不同。古人认为禽鸟"得气之先",能比人类和其他生物提前感知时令变化,因此在小暑第三候就开始学习捕食之术,为初秋的实战做准备。然而真到了处暑,鹰却"杀鸟而不即食,如祭然"。古人认为这种做法"犹人饮食祭先代为之者也"。与此同时,古人还发现鹰捕杀的多是老弱病残之属,从不对正在孵化或哺育幼鸟的禽鸟出手。人们认为鹰"杀鸟而不即食"和"不击有胎之禽",是鹰的"义举"。

如果要在二十四节气中选出一个"处寒",那非雨水莫属。而雨水的第一候獭祭鱼,和鹰乃祭鸟遥相呼应,这自然不能仅仅归为巧合。只是,獭祭鱼之后,迎来的是候雁北、草木萌动的生机,而鹰祭完鸟,天地便开始有肃杀之气。

《秋声赋》中的秋,是凛冽而伤感的:"夫秋,刑官也,于时为阴;又兵象也,于行用金。是谓天地之义气,常以肃杀而为心……物过盛而当杀。"处暑时暑气渐消,寒气渐盛,从气象学角度来看,这是一种自然现象,可以用太阳运行的轨迹加以解释。而在天人感应的思想认识中,暑寒之间的此消彼长则代表了天道的不同面孔。《淮南子》云:"季夏德毕,季冬刑毕。"古人治国崇尚"德主刑辅",而由夏及冬,正是天道由"德主"向"刑辅"的转折点。"秋冬行刑",或者说"秋决",是中国死刑执行制度中的传统,除谋反大逆等重罪"决不待时"之外,其余死刑均应等到秋季再加以执行，因为此时"天地始肃"，杀气已至，可以申严百刑，以顺天行诛了。

《月令解》载："凉风至，白露降，寒蝉鸣，鹰乃祭鸟，始用行戮。"《礼记·月令》载："是月也，命有司修法制，缮囹圄，具桎梏，禁止奸，慎罪邪，务搏执。命理瞻伤、察创、视折、审断。决狱讼，必端平，戮有罪，严断刑。天地始肃，不可以赢。"这一时期，明刑弼教之类的法制工作成为有司衙门的主要任务。在秋天处决罪犯，收取死囚的性命，与天地肃杀之气正相应，人间的秩序由此与天道相统一。

禾乃登，又作"农乃登谷"，指的是谷物开始成熟，农人即将迎来收获的季节。七十二候中有两候与收获相关，另一个是小满第三候麦秋至，代指的是夏收，这当然比不上秋收重要。秋收承载着一年中最重要的收获季，因此农人们对这一时间段的天气非常敏感，与之相关的农谚可谓信手拈来。"处暑高粱白露谷""处暑高粱遍地红"，说的是处暑时节恰好是高粱的收获季；"处暑栽，白露追，秋分放大水"，指大白菜在处暑时节应该移栽定植；更多的还是形容处暑时雨水的宝贵，如"处暑若还天不雨，纵然结子难保米""处暑里的雨，谷仓里的米""处暑之雨，粒粒是米"……北方人期盼处暑下雨，在多雨的江南，农人们却要叹息"处暑若逢连天雨，纵然结实也难留"。

水中的河灯，桌上的鸭馔

处暑与俗称"七月半"的中元节时间相当，因此，民俗也多与中元节相关。

何为中元？道教认为，天地万物由天、地、水"三元"所生，其中正月十五天官紫微大帝赐福，为上元节；十月十五水官洞阴大帝解厄，为下元节；七月十五地官清虚大帝赦罪，便是中元节。地官赦罪为何要在七月半呢？七在传统中是阳数、天数，天地之间的阳气绝灭之后，经过七天可以复生，故《易经》云："反复其道，七日来复，天行也。"从物候来看，这一时期既是天地始肃的日子，又是谷物丰收的日子，远古的农人们选择这一时间用时令佳品向神灵、先人献祭，祈祝来年有个好收成，是再自然不过了。

中元节的另一个俗称是"鬼节"。处暑前后，暑气渐退，在古人心中这是阴阳交错的开始，而到了七月十五这一天，地府会打开鬼门关释放亡魂，逝去的祖先会借这个时机回家探望子孙，各地的风俗大多都与这一文化信仰有关，如放河灯、祀亡魂、焚纸锭、拜土地公等。其中最具特色的，要数放河灯。

河灯又称"荷花灯"，一般是在防水的底座上放上灯盏或蜡烛，灯体由彩纸折成，简单者如一瓣荷花，复杂者则叶片层叠、华丽繁复。中元节之夜，人们将做好的河灯放在江河湖海之中任其漂泛，既是为了寄托对先人的哀思，也是为了普度无依无靠的孤魂野鬼。河灯可为鬼引路，待鬼过了奈何桥，灯也便灭了。而在岸上，商人们也颇有默契地关了店铺，摆上香案，供上瓜果。夜幕之下，湖海之上，河灯与星光交相呼应，正如乾隆皇帝的诗："满湖星斗涵秋冷，万朵金莲彻夜明。"

如果说中元节放河灯是为彼岸引路，那处暑食鸭的风俗则调理了人间的风味。中国传统美食的一大传统就是药食同源、以食进补，不同的食材对应着不同的季节，补秋之事，一点儿也不比补冬含糊。

传统医学理论认为，随着秋季后自然界的阳气由疏泄趋向收敛，人体内阴阳之气的盛衰也随之转换，容易出现疲惫感，产生"秋乏"。处暑时饮食宜转向清淡，宜润肺防燥，并多吃益肾养肝、清热安神的食物。鸭肉性凉味甘，具有滋阴养胃、利水消肿的功效，可以平复干燥天气带来的不适，是这一时期进补的上上之选。食鸭，南北方各有特色：烤鸭、白切鸭、柠檬鸭、核桃鸭、子姜鸭、荷叶鸭、老鸭炖汤……北京有一道处暑百合鸭，以当季百合、陈皮、蜂蜜、菊花等食材调制，味道鲜美、营养丰富；"处暑送鸭，无病各家"，江南还有在处暑时节送邻人萝卜老鸭煲、红烧鸭块等鸭馔的传统风俗。

随着时代的发展，捧着一碗老鸭汤走亲访友的日子已是一去不复返了。不过若想追寻古意，倒是还有不少选择。嗜茶如命的福州人在处暑之后会放下凉茶，拾起龙眼，龙眼泡饭是寻常人家厨房里一道亮丽的风景线。广东人则继续煲着药茶——入秋要吃点"苦"，这对清热、去火、消食、除肺热等都颇有好处。如果这些还觉得麻烦，那到奶茶店喝杯酸梅汁也是个不错的选择，正所谓"处暑酸梅汤，火气全退光"。

陆游有诗曰："四时俱可喜，最好新秋时。柴门傍野水，邻叟闲相期。"近一千年过去了，陆游行经的土地早已耸立起巍峨的大厦，但人们还是和那时一样等待着暑气散尽，等待着收割的水稻变成餐桌上香喷喷的米饭。

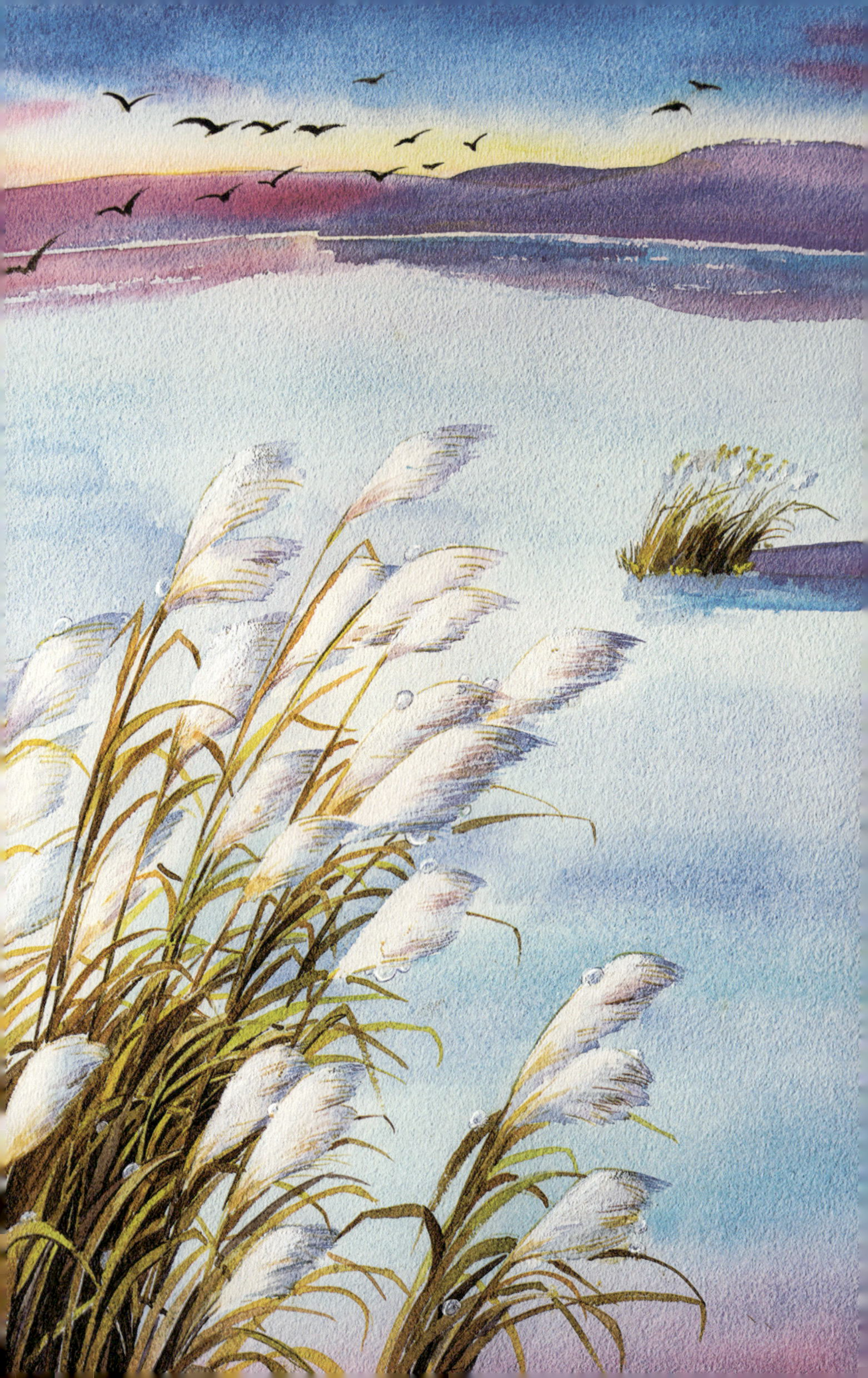

白露

文_潘惠英

当太阳到达黄经165°，也就是每年公历9月7日、8日或9日，白露交节。白露是二十四节气中的第十五个节气，从气象学上来讲这是反映自然界气温变化的一个重要节令，预示着天气开始真正转凉。

元代文人吴澄的《月令七十二候集解》中道："白露……阴气渐重，露凝而白也。"是说这个时候昼夜温差之大使得水汽凝结在地表或近地植物的叶子上形成白白的水珠；古人又以四时配五行，"秋属金，金色白"，故以白形容秋露，以是得名"白露"。

白露节气一到，日照开始减少，紫外线强度下降，冷空气时不时南下，俗话说"喝了白露水，蚊子闭了嘴""白露秋分夜，一夜冷一夜"，都是指这个时节的特征。

白露降，凉风至

白露，或许是江南一带很多小伢儿最早知道的节气了，很多人在牙牙学语时都会听长辈催眠曲似的哼唱："白露身不露，赤膊变猪猡。"白露一过，秋意渐浓，再也不能任性贪凉露着上身了。待到孩童年岁渐长学识日增，才明白原来白露是二十四节气中蕴含最丰富的节气之一。

白露三候是这样表述的：一候，鸿雁来；二候，玄鸟归；三候，群鸟养羞。大雁等候鸟南飞避寒，燕子在这个时节南归，其余百鸟则储备食物准备过冬了。"清风吹枕席，白露湿衣裳。好是相亲夜，漏迟天气凉。"（白居易《凉夜有怀》）白露节气，天气转凉，夜间草木上出现露水。清晨，人们可以看到凝在花瓣和树叶上的露珠晶莹剔透，花叶和露水相互映衬，美得让人怜惜。这时，炎夏已逝，暑气渐消，令人讨厌的蚊子也渐渐销声匿迹，大部分地区天高气爽，云淡风轻，气候宜人。

白露一到，草木渐渐由深绿变黄，树叶慢慢摇摆飘落，白露既预示着自然的变化也宣告着农事的繁忙。对于经历了春夏的耕耘、辛勤劳作的人们来说，它既是收获的时节，也是播种培植的时节，正所谓"白露过秋分，农事忙纷纷"。东北开始收获谷子、大豆、水稻和高粱；西北、华北的玉米、白薯等进入秋收季；西北、东北的冬小麦已经开始播种；华北的冬小麦也将进入秋种；黄淮、江淮及以南地区的单季晚稻则已扬花灌浆，双季晚稻即将抽穗。很多农谚俗语都生动描述了白露节气忙碌的场景，如，白露白茫茫，谷子满田黄。白露满地红黄白，棉花地里人如海。白露田间和稀泥，红薯一天长一皮。产茶区正在采制秋茶，大枣、核桃也到了最美味的时候，喜欢吃枣和核桃的人们正可以大快朵颐。农谚云"白露打枣，秋分卸梨""白露打核桃，霜降摘柿子"，鲜枣和核桃香甜了人们的生活，也红润了姑娘们的笑颜。

有人说，白露是二十四节气中最可人的时节，既有"晴空一鹤排云上，便引诗情到碧霄"，天高气爽、心旷神怡好个秋的惬意，又有"青霜红碧树，白露紫黄花"，层林尽染、璀璨缤纷的绝美秋色，更有着丰富多彩的民俗和无尽的诗意秋韵。

清露收，米酒酿

白露时节，虽然白天还很热，但昼夜温差开始加大，所以和由冬入春时的捂一捂相反，入秋时要略冻一冻。当然，也不能冻过了头。此外，气候日渐干燥，除了防冻，也不可对秋燥掉以轻心。俗话说："处暑十八盆，白露勿露身。"指的就是处暑时仍很热，每天必须洗澡，但约十八天后到了白露，赤裸身体就会着凉了。

白露是二十四节气中南北差距比较大的一个，因此也使得南北方过这个节令的习俗和饮食有差异。比如北方曾流行在白露节气前后玩时鸟（驯鸟），捕鸟人捉了黄雀，让它立在铁杆杆头，教它衔旗啄铃。驯服后，将它放走还能飞回，称之为唤黄雀。在山东省郯城县民间至今还有"白露到，娃娃推着燕车跑"的传统习俗，农家老人制作色彩鲜艳且能发出悦耳声响的小燕车，让孩子们推着燕车跑步御寒，以增强体质。在白露时节吃红薯也是北方流传很久的一个习俗，人们认为这一天吃红薯不会胃酸。

在南方，则有白露节气收清露的习俗。明代李时珍的《本草纲目》记载："秋露繁时，以盘收取，煎如饴，令人延年不饥。""百草头上秋露，未唏时收取，愈百病，止消渴，令人身轻不饥,肌肉悦泽。"秋露有没有李时珍所说的神奇功效暂且不说,但收清露已成为白露时节最特别的一种仪式,众多的养生元素与白露时节结合在一起,中医就认为秋天是养肺润肺的最佳时机,只有养好肺,到了冬天才能肾气充足少生病。尤其经过暑热炙烤之后进入了昼夜温差大、天气干燥的白露时令,更需要加强身体内部的调节,饮食起居顺时而为,注重保暖和润燥,多喝水,多吃梨、百合、杏仁等,同时增加对芝麻、蜂蜜、枇杷、西红柿、乌梅等食物的摄入,以益胃养肺、生津止燥。

白露这天,人们要收集露水来酿制米酒。据说在这一天酿造的"白露米酒"色泽通透且滋味醇美,日久弥香。埋藏十数载的酒呈褐红色,清香扑鼻且后劲颇强,可令人久醉不醒,且酒温中含热,有利于寒气的散发。

而在福州,白露日必吃龙眼,因为人们认为在这一天吃一颗龙眼的效果相当于吃一只鸡——白露前的龙眼个大核小,甜度高口感好,确实不妨多吃。在温州,白露这一天要采集白木槿、白毛苦菜等多种带"白"字的草药,与白毛乌骨鸡同煨,据说特别滋补。而在瓯江口外的洞头岛,则照例要吃鲜鳗鱼熬白萝卜,因为过去的洞头渔场在立秋过后就开始钓捕鳗鱼,到了白露,鳗鱼已渐肥厚,渔谚"桂花海蜇白露鳗"说的就是这一现象。鳗鱼营养丰富,而白萝卜有"消谷和中,去邪热气"的作用,二者同煮,相得益彰。当地还有这样一个有趣的习俗——如果家中有患哮喘、尿床等疾病的孩子,到了白露这一天,大人会宰杀鸡或鸭,煮熟后盛入碗中,让这个孩子端到岔路口去吃。吃完后,把空碗放在其中一条路上,而孩子则从另一条路回家,过后大人再去收回碗筷。据说,因为白露的"露"和"路"同音,意思是疾病借着白露日从另一岔路远离孩子而去了。洞头岛的这一习俗始于何时不得而知，但患哮喘、尿床的孩子大多体质较弱，白露后昼夜温差大，吃鸡鸭对他们自然是有滋补作用的。

对于喜欢喝茶的老南京人来说，这时候该买白露茶了。他们认为，白露茶既不像春茶那样鲜嫩不经冲泡，也不像夏茶那样干涩味苦，白露茶独具甘醇清香，何况春茶也喝得差不多了，白露茶正好接上。

有意思的是，白露也是太湖人祭"水路菩萨"大禹的日子。大禹曾疏通三江，使得"震泽（太湖）底定"，所以每年的正月初八、清明、七月初七和白露，他们都要举行祭禹王的香会，其中又以清明、白露两祭的规模最大，皆为时一周。白露过后，鱼蟹生膘，秋水时至，江河水溢，为了能有一个风平浪静的湖面，更为了能在随白露而来的捕捞季里获得好的收成，太湖两岸的渔民在白露时节赶往禹王庙进香，祈祷神灵的保佑。同时，他们还祭土地神、花神、蚕花姑娘、门神、宅神、姜太公，等等。在此期间，必然还会上演一出寄托人们对美好生活祈盼和向往的戏。

梧桐落，秋月望

白露是暑热与秋凉的分水岭，是新秋的消息树，天高云淡，透着无限的清凉与丰美的收获。正如杜甫诗云："白露团甘子，清晨散马蹄。圃开连石树，船渡入江溪。凭几看鱼乐，回鞭急鸟栖。渐知秋实美，幽径恐多蹊。"（《白露》）诗人白露踏秋，不仅秋实与秋景赏心悦目，一句"幽径恐多蹊"更是让人感受到诗人对秋色的迷恋之深。宋人罗与之的《泛舟秋怀》诗云："白露消磨暑，丹枫点画秋。

闲吟小山赋,归思大江流。世尽营三窟,人谁乐一丘。篷窗有佳致,月朗政风休。"亦抒发了对清秋佳景的欣赏和赞美。民国诗人萧梦霞的《夜凉》则更是实实在在地指出白露的清凉好眠:"伏暑方过白露鲜,蝉声半老雁来天。桃笙八尺清于水,一夜风凉自在眠。"

白露是秋天的第三个节气,自古逢秋悲寂寥,秋意渐浓的白露时节,亦是文人抒发感怀之季。宋玉悲秋,以白露为题,借白露抒怀,为古今文人留下了悲秋的佳句。如"悲哉,秋之为气也!萧瑟兮,草木摇落而变衰"(宋玉《九辩》)。至今都特别容易让人产生共鸣与共情。

我们读唐人卢殷的《悲秋》"秋空雁度青天远,疏树蝉嘶白露寒。阶下败兰犹有气,手中团扇渐无端"时,眼前出现的是一幅由远而近的秋景图。唐代另一位诗人羊士谔曾写过《郡中即事二首》,其中一首写道:"红衣落尽暗香残,叶上秋光白露寒。越女含情已无限,莫教长袖倚阑干。"诗中描写了红荷落尽,暗香残留,露气初团之景,越女已然伤秋愁乱,就不要再让她倚栏杆看这凄清景象了,只怕她会更添几分愁绪。

而宋人王安石,就写了不止一首与白露有关的诗歌。《葛溪驿》就是他在白露时节抱病客途,羁旅困顿又逢风露秋至,有感而发:"缺月昏昏漏未央,一灯明灭照秋床。病身最觉风露早,归梦不知山水长。坐感岁时歌慷慨,起看天地色凄凉。鸣蝉更乱行人耳,正抱疏桐叶半黄。"

诗中把缺月、孤灯、风露、鸣蝉、疏桐等衰残的景象层层叠加,勾勒出天地凄凉的秋色,与心头秋浓、内心孤寂的心境结合,归思梦长之中更让人感受到诗人的无限惆怅之意。

宋人刘克庄在《病中九首·其五》中更是秋意满怀："炎官扇虐甚炰烹，忽听檐声病思清。白露降余天气肃，碧云合处暮愁生。一秋药裹相料理，百岁书窗几暗明。他日汗青无事业，惟诗犹可窃虚名。"颇有点儿杜甫《登高》里的"悲秋"之慨了。而元人仇远写于白露前夜的《秋感》亦差相仿佛："明朝交白露，此夜起金风。灯下倚孤枕，篱根语百虫。梧桐何处落，杼轴几家空。客意惊秋半，炎凉信转蓬。"

从《诗经》"蒹葭苍苍，白露为霜"中的朦胧迷离到李白《玉阶怨》"玉阶生白露，夜久侵罗袜。却下水晶帘，玲珑望秋月"的晶莹开阔，诗人常常将白露与女性联系在一起，常常出现在爱情故事里。在王实甫的杂剧《西厢记》里，崔莺莺在红娘护送下去西厢与张生幽期密约的途中，红娘要唱一支〔驻马听〕："不近喧哗，嫩绿池塘藏睡鸭；自然幽雅，淡黄杨柳带栖鸦。金莲蹴损牡丹芽，玉簪抓住荼蘼架。夜凉苔径滑，露珠儿湿透了凌波袜。"矜持端庄的深闺小姐鼓足勇气去赴高唐之约，在静谧清幽的月色下她蹑足潜行，竟顾不得露珠儿湿透了凌波袜，这情景，和李后主笔下"刬袜步香阶，手提金缕鞋"的小周后，何其相似乃尔！

可惜，美丽的朝露转瞬即逝，美丽的爱情也往往和圆满无缘。南唐"妹继姐嫁"的小周后在李煜降宋后受尽凌辱，曾经贵为国主的丈夫只会写"春花秋月何时了，往事知多少"，却无力保护自己心爱的女人。在曹禺先生的《日出》里，美丽而薄命的女主人公原名"竹筠"，青翠秀美，有着蓬勃的生命力。但做了交际花的她改名"白露"之后，内心虽依然美丽纯洁，但却像露珠一样，随着黑夜沉沦，再也见不到旭日东升。

转瞬即逝的朝露自古以来既是韶华易逝的象征又是品格高洁的写照，还常常引起哲人的思考。唐代虞世南的《蝉》："垂绥饮清露，流响出疏桐。居高声自远，非是藉秋风。"以"饮清露"之蝉比兴品格高洁的人无须凭借外力，"居高"而自能致远。

　　同样也是唐朝诗人也在朝廷任要职的李德裕有一首《长安秋夜》，诗中末两句是"万户千门皆寂寂，月中清露点朝衣"，"月中清露"四字浓缩了以天下为己任，勤政爱民的政治家的胸襟。

　　"露"作为蕴含丰富的意象也常常引出哲理性的思考。比如，佛家的《金刚经》中有著名的"六如偈"："一切有为法，如梦幻泡影，如露亦如电，应作如是观。"而横槊赋诗的曹操在人生的暮年回望所来之路，不禁发出了这样的感慨："对酒当歌，人生几何？譬如朝露，去日苦多。慨当以慷，忧思难忘。何以解忧？唯有杜康。"（《短歌行》）李白的"白露见日灭，红颜随霜凋"（《早秋单父南楼酬窦公衡》）也同样感叹时光倏忽而逝。而最耳熟能详的，大概是汉代无名氏的《长歌行》："青青园中葵，朝露待日晞。阳春布德泽，万物生光辉。常恐秋节至，焜黄华叶衰。百川东到海，何时复西归。少壮不努力，老大徒伤悲。"

　　"露从今夜白，月是故乡明"，白露一过，天高气爽、明净斑斓的秋天走来了。白露不仅仅是节令，更有着多层次的耐人寻味的文化内涵。正如当代作家冯骥才所言："'二十四节气'是中国人自然观、生命观、宇宙观、哲学观的显现，也是中国人'天人合一'的文化理念的体现。"——白露就是一个完美的诠释。

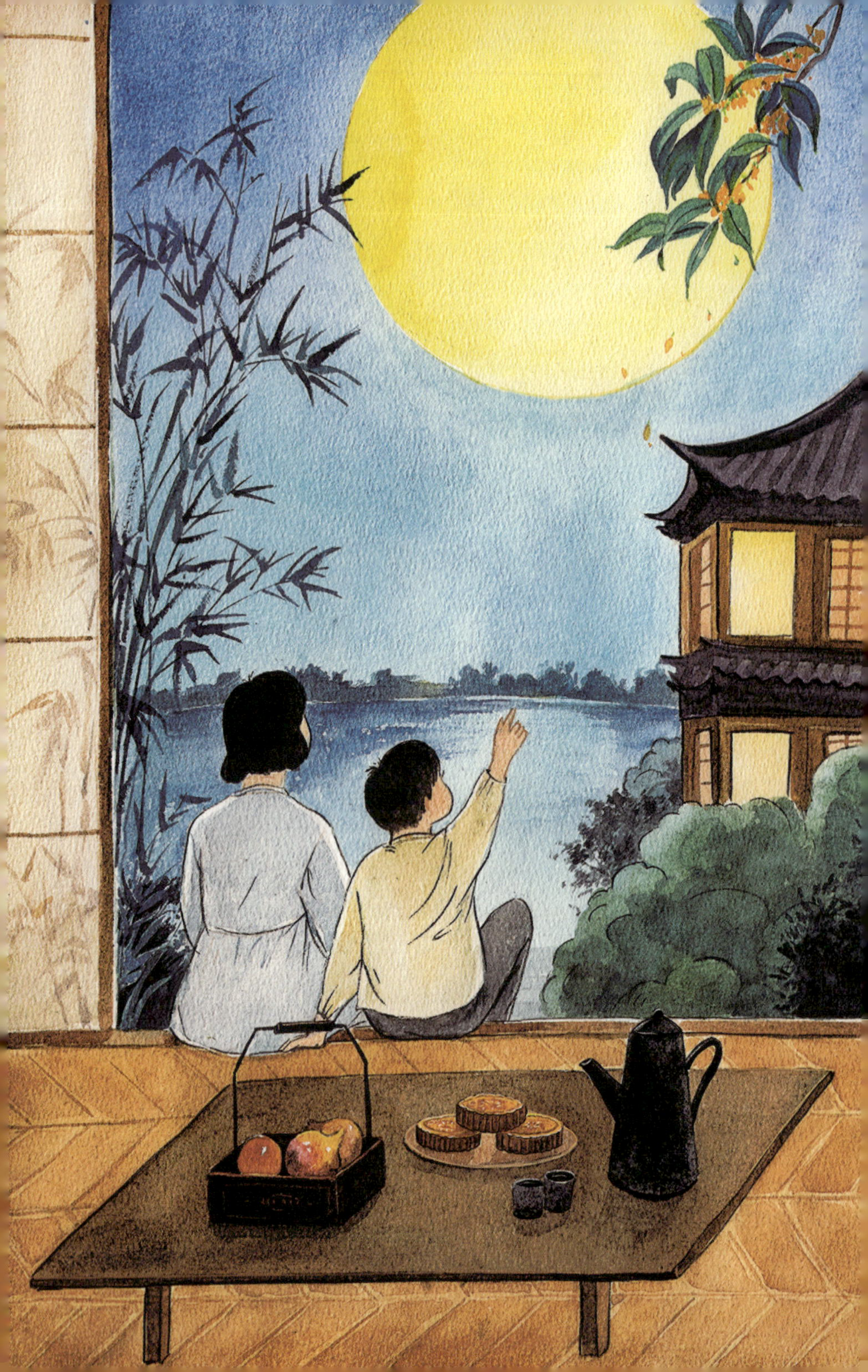

秋分

文_毕旭玲

秋分是与春分、夏至、冬至齐名的四大节气之一，是二十四节气的第十六个节气，也是秋季第四个节气。一般在9月22、23或24日。"秋分"一词有两种含义：一指平分秋季，秋分处于秋季九十天的中间位置，也就是说，到秋分时，秋天已经过半；二指平分昼夜，此时太阳在黄道上运行到达黄经180°，太阳光几乎直射赤道，地球上大部分地区昼夜均等。

中华先民很早就对秋分节气有了认知，《尚书·尧典》记录了帝尧敬授民时神话，说：尧派遣世代掌管天文历法的羲氏与和氏家族的四位成员分别去往东南西北四方观测天象以制定历法，他们寻找到了四季的中点作为制定历法的基本时间点。秋季中点仲秋（即秋分）的特点是"宵中星虚"，即昼夜等长，虚星于黄昏时出现在正南方的天空中。到了先秦时期，古人不仅更清晰地认知到秋分均分日夜的特点，并且总结出了秋分节气的天象、物候特征："是月（仲秋之月）也，日夜分，雷始收声，蛰虫坏户，杀气浸盛，阳气日衰，水始涸。"（《礼记·月令》）雷始收声、蛰虫坏户、水始涸便是秋分的三个物候。到了秋分，人们基本听不到雷声，将要蛰伏的虫类在洞穴四周培土，封住洞口以防寒气侵入，因为降水减少，河湖之水开始干涸。

秋分是一个内涵相当复杂的节气，涉及农事、天文、人事诸多方面，集中表现了中国人尊重自然、热爱生命的态度和情感。

感恩自然的秋报社稷

秋分首先是一个非常重要的农业节气，是秋收、秋种、秋耕的"三秋"大忙时节。

一方面，"万物春分而生，秋分而成"（《文子·上仁》），秋分是大多数作物的收获时节，比如东北地区于秋分时开始收割水稻、玉米、高粱、大豆和甘薯，而华北地区的秋收农事已近结束；另一方面，秋分也是冬小麦等作物的播种时间，华北地区有谚语说："白露早，寒露迟，秋分种麦正当时。"白露时节气温往往高于20℃，此时种小麦会造成麦苗冬前叶茎过于繁茂，越冬时容易受冻害。寒露时节气温常常低于10℃，此时下种会造成麦苗冬前细弱，既不利于积累养分，也不利于返青；同时，秋分还是南方多地双季晚稻抽穗扬花，决定其能否高产的关键时刻，需要加紧田间管理。因此有农谚说："夏忙半个月，秋忙四十天。"

经历过春耕、夏耘之后的古人，在秋分前后迎来了农业丰收。为了感激大自然的恩赐，他们举行祭祀土地神（社神）和谷神（稷神）的隆重仪式，称为"秋社"。秋社与春社对称。春耕开始之时古人向土地神和谷神祈求丰收的仪式为春社。两种仪式合称为"春祈秋报""春祈秋祀"等，其历史相当悠久。《诗经》中的《良耜》就是记录秋社仪式的篇目，其中既有"其崇如墉，其比如栉。以开百室，百室盈止"这样对丰收场面的描述，也有"杀时犉牡，有捄其角。以似以续，续古之人"这般对准备牺牲进行祭祀的传统习俗的描写。秋社通常在立秋后的第五个戊日举行，"立春后五戊为春社，立秋后五戊为秋社"（宋《岁时广记·社日》引《统天万年历》）。古人用十天干和十二地支组合纪日,干支组合遵循一定的方法,每两个天干日之间相差10日。立秋后的第五个戊日与立秋至少相差50日,正值秋分前后,秋社也因此成为秋分节气活动的重要组成部分,甚至有些地方就在秋分当天举行秋社。

传统秋社分为官社与民社两种,后者又称"里社"。官社即官方祭祀社稷神,其仪式规范而肃穆。民社灵活热闹,不仅表达了民众在喜获丰收之时对于自然的感恩之情,同时也是一种自发的集体娱乐活动,以缓解秋收之疲乏。《东京梦华录·秋社》曾这样追溯北宋首都开封举行民社的情形:秋社举行之日,民众互相赠送自己制作的社糕和社酒。达官贵人、皇亲国戚等制作一种用猪羊肉、腰子等制作的豪华版"盖浇饭"——社饭,用以招待客人和充作供品。出嫁女在社日白天回娘家省亲,晚上回来时往往携带孩子的外公、姨妈和舅舅等赠送的新葫芦、新枣,据说会给孩子带来吉祥。教书先生们还会提前收取学费作为秋社庆祝活动的资费,主要用于雇佣餐饮服务人员和表演艺人,让他们在秋社中效力。

热爱生命的天体崇拜

秋分又是一个重要的天文节气,是古人祭祀月亮与老人星的重要节令。

秋分过后夜渐长,昼渐短,阴气日盛,阳气逐步让位于阴气,古代天子选在此日代表国家在晚上举行祭月仪式,称为"夕月"。《国语·鲁语》载:"天子少采夕月。"韦昭注曰:"夕月以秋分……少采,黼衣也。"也就是说,天子祭月要穿着一种特定的礼服,即绣着黑白斧形花纹的黼衣。唐玄宗时,天子祭月礼的规格由中祀升格为大祀。宋真宗时，西郊被确定为祭月礼举行的固定地点。甚至少数民族政权——辽与金，都举行祭月仪式。天子秋分祭月仪式一直延续到明清时期。明代嘉靖年间，世宗下令修筑了专门用于祭祀月亮的祭坛——夕月坛，此后明清两代皇帝都在秋分时于此祭月，就是现在的北京月坛公园。

祭月行为起源于对月亮的天体崇拜。对人类来说，月亮是仅次于太阳的重要天体，对早期人类的历法、数学与生产生活等都产生过重要影响。首先，根据月相变化规律总结出的月亮历是人类历史上最早的历法。在此历法中，新月之日（朔日，即农历每月初一）、满月之日（望日，即农历每月十五日）因肉眼清晰可辨而成为举行重要仪式和进行欢庆的时间点。直到现在，我们不少传统节日还是在农历十五日举行，比如正月十五元宵节、七月十五中元节、八月十五中秋节。其次，中华创世神话中早已有天帝帝俊之妻——常羲生十二个月亮，并给她的月亮孩子洗澡的神话（《山海经·大荒西经》）。为什么常羲生了十二个月亮？这可能代表着先民在月相变化规律中总结出一年有十二个月的知识，进而发现了十二进制。最后，月亮的圆缺变化会影响潮汐，从而影响在江河湖海边谋生的先民的生产生活。

但秋分祭月仪式并未能深入民间，而仅仅保留在皇家。因为节气属太阳历知识体系，体现的是地球围绕太阳公转的位置，与月相变化并无必然联系，所以秋分当天不一定能看到满月。祭祀缺月的行为并不那么令人满意，后来民间祭月之日就选在可以见到满月的八月望日，最终形成了八月十五祭月的习俗。

虽然每年秋分不一定观赏到圆月，但一定能观赏到老人星。老人星即寿星，学名为船底座α星，它是夜空中第二亮的恒星，仅次于天狼星。老人星是一颗相当吉祥的恒星，《史记·天官书》载："狼比地有大星，曰南极老人。老人见，治安；不见，兵起。常以秋分候之南郊。"位于天狼星下方，接近南方地平线的地方，有一颗很大很亮的星，称为南极老人星，即老人星。老人星如果出现，天下就太平无事，人民就安居乐业。如果看不到老人星，天下就会战乱四起。

作为一种天体崇拜，老人星崇拜反映了天象影响人世盛衰的观念。老人星在秦汉时期被认为具有掌控国运长短的能力，后来对其崇拜中逐渐增加了寿的含义。唐代学者张守节为《史记》作注时解释说："老人一星，在弧南，一曰南极，为人主占寿命延长之应。常以秋分之曙见于景，春分之夕见于丁。见，国长命，故谓之寿昌，天下安宁；不见，人主忧也。"唐人认为老人星能决定皇帝的寿数，术士为了延长皇帝的寿命，必须向老人星占卜、祈祷。祭祀老人星的寿星祠、老人庙等出现得相当早，《史记·封禅书》载，秦时"于杜、亳有三社主之祠、寿星祠"。《后汉书·礼仪志》载："仲秋之月……祀老人星于国都南郊老人庙。"对老人星的祭祀规格曾相当高，属于国家祭祀的行列，东汉明帝曾亲自主持过一次老人星的祭祀仪式。他不仅亲自奉献供品，宣读祭文，还安排了一次古稀老人参加的宴会，同时敬奉天上的老人星和人间的长寿老人。

老人星崇拜也体现了中国古人对长寿的向往，表达了他们对生命的珍视和热爱。寿是中华传统生命观的核心理念之一。《尚书·九畴》相传为天帝赐给大禹治理天下的九种大法，其中提到五福为"一曰寿，二曰富，三曰康宁，四曰攸好德，五曰考终命"。"康宁""考终命"都是寿的同义词，寿放在最前面，说明五福以寿为核心。《庄子·天地》记录了尧到华地巡视的神话。当时，华地驻守边界的人曾三次祝福他说："使圣人寿……使圣人富……使圣人多男子。"这便是著名的华封三祝，表现了古人多寿、多富、多子的幸福观，多寿是其核心。

月亮从新月到满月再到消失不见，犹如人的生命从幼年到盛年再到年老而死的过程。月亮消失之后会再现，周而复始，屈原曾对月发出"夜光何德，死则又育"（《天问》）的疑问，意思是月亮有什么特性，使它消亡了又再长起来？人类的生命能否如同月亮一般，死而复生呢？围绕着死生这一终极问题，先民展开了想象和思考，他们创造了在月宫中捣不死药的玉兔。玉兔捣药神话至晚在东汉中期就产生了，在安徽淮北、河南嵩山等地出土的画像石上都出现了持杵捣药的月中玉兔形象，汉乐府《董逃行》中也有"采取神药若木端，白兔长跪捣药虾蟆丸。奉上陛下一玉柈，服此药可得神仙"的词句，讲述玉兔捣制不死药的神话。相传嫦娥也是服食了不死药飞升月宫的，"羿请不死之药于西王母，未及服之，羿妻嫦娥盗而食之，得仙，奔入月中，为月精也"（《淮南子·览冥训》）。如果个体的不死无法实现，那么能否保证种群的繁衍呢？于是先民又创造了蟾蜍为月精的神话，如"日中有踆乌，而月中有蟾蜍"（《淮南子·精神训》），多地出土的汉画像石上都有月中蟾蜍的身影。因为蟾蜍繁殖时产出很多卵，被先民认为是多子的象征，由此还产生了古代女性拜月的仪式，其重要目的就是祈祷子嗣繁盛。

顺应时节的秩序建构

"秋已平分催节序，月还端正照山河"（《八月十五夜待月》），秋分同时还是一个表现中国古人顺应时节建构社会秩序的节令。

秋分具有昼夜平分、阴阳均衡的特点，因此秋分时节的人事活动也要维护公平合理的原则，所以古人选择在秋分时检校度量衡，正如《礼记·月令》所载："日夜分，则同度、量，平权、衡，正钧、石，角斗、甬。"当然，秋分检定度量衡并非出于毫无依据的主观联想，相反它具有相当的科学性。因为秋分时节昼夜温差较小，气温冷暖适中，校正度量衡器具时不容易受到外界环境（如温度变化）的影响，因而比较准确。

检校度量衡对古代社会具有重要意义，古人将度量衡制度视为权衡万物的基本准则，《淮南子·时则训》说："天为绳，地为准，春为规，夏为衡，秋为矩，冬为权。绳者，所以绳万物也。准者，所以准万物也。规者，所以圆万物也。衡者，所以平万物也。矩者，所以方万物也。权者，所以权万物也。"只有准确的度量衡才能精确地权衡万物，因此在秋分检校度量衡的行为，其实是在帮助建立一种度量衡秩序。

秋分之后处决死刑犯，同样也是一种刑法秩序的建构。古代死刑日期的设定体现出顺天应时的观念。古人将认知物质世界的分类知识体系——五行与四时相配，得出"春属木，木主生；夏属火，火主长；秋属金，金主杀；冬属水，水主藏"的结论，其中的"秋属金，金主杀"是古人选择在秋分之后实施死刑的重要原因。《左传·襄公二十六年》载："古之治民者，劝赏而畏刑，恤民不倦。赏以春夏，刑以秋冬。"这是依据时令的变化采取相应的统治手段。春夏是万物孕育生长的季节，适合施行仁德，而秋冬草木肃杀，正是用刑之时。周代的司法官司寇就以秋命名，"乃立秋官司寇，使帅其属而掌邦禁，以佐王刑邦国"（《周礼·秋官司寇》）。将司寇称为秋官，表明其职责与肃杀之秋天相契合，即执掌刑罚。唐代规定在秋分以后处决死刑犯，秋分前禁止行刑，违者会受到严厉的处罚，"从立春至秋分，不得奏决死刑者，违者徒一年"（《唐律疏议·断狱》）。

不仅人间在秋分之后处决犯人，相传神界也在秋分时节举行聚会，决定凡人的生死。宋代道教类书《云笈七签》卷一百五载：古人以秋分之日为秋判之日，"秋分之日，乃会九天八地众真人神、上皇至尊，三日三夕，共定万民之命，所聚议者咸多，而神尊并集故也"。很明显，神界聚会定凡人生死的时间受到了秋分以后处决死刑犯的人间刑法时间安排的影响，也是一种顺应时节的秩序建构。

"金主杀"实际上是因为秋分过后，随着太阳直射点逐渐南移到南半球，北半球得到的太阳辐射越来越少，导致地面热量散失加速，气温迅速降低，容易让人产生肃杀之感，因此秋气也称为杀气。"秋属金，金主杀"仅仅是秋分后处决死刑犯的逻辑而非原因。客观原因在于秋分以后农事活动渐歇，百姓有空闲时间围观行刑，官府可以借此达到广泛警示、预防犯罪等目的。我国现存最早的一部行政法典——《唐六典》规定："凡决大辟罪皆于市。"也就是说古代处决死刑犯是公开的，而且专门挑人多的地方行刑，北京的柴市口、西四牌楼、菜市口等交通要道都曾是元明清三代官方行刑问斩的地方。明朝权宦刘瑾就是在西市被凌迟处死的，当时"都人鼓舞称庆，儿童妇女亦以瓦石奋击，争买其肉啖之"（《震泽纪闻》）。

　　总的来看，秋分节气既是一个秋报社稷的重要农业节气，也发展出了以热爱生命为主题的天体崇拜内涵，还表现了中国古人顺应时节建构社会秩序的努力。在上述秋分节气内涵中，我们充分领会到了中国古人对自然的尊重，对生命的热爱。

　　到了当代，因为秋分时节处处可见累累的硕果，最能体现春华秋实的丰收喜悦，因此从2018年开始，国务院将秋分这一日设立为中国农民丰收节。中国农民丰收节是国家层面为农民设立的第一个专门节日，既延续了古老秋社的秋报传统，体现了中国人尊重自然、感恩自然的情感，又能服务于当代乡村振兴战略，提升农民的荣誉感和幸福感，有利于传承和弘扬中华优秀传统文化。

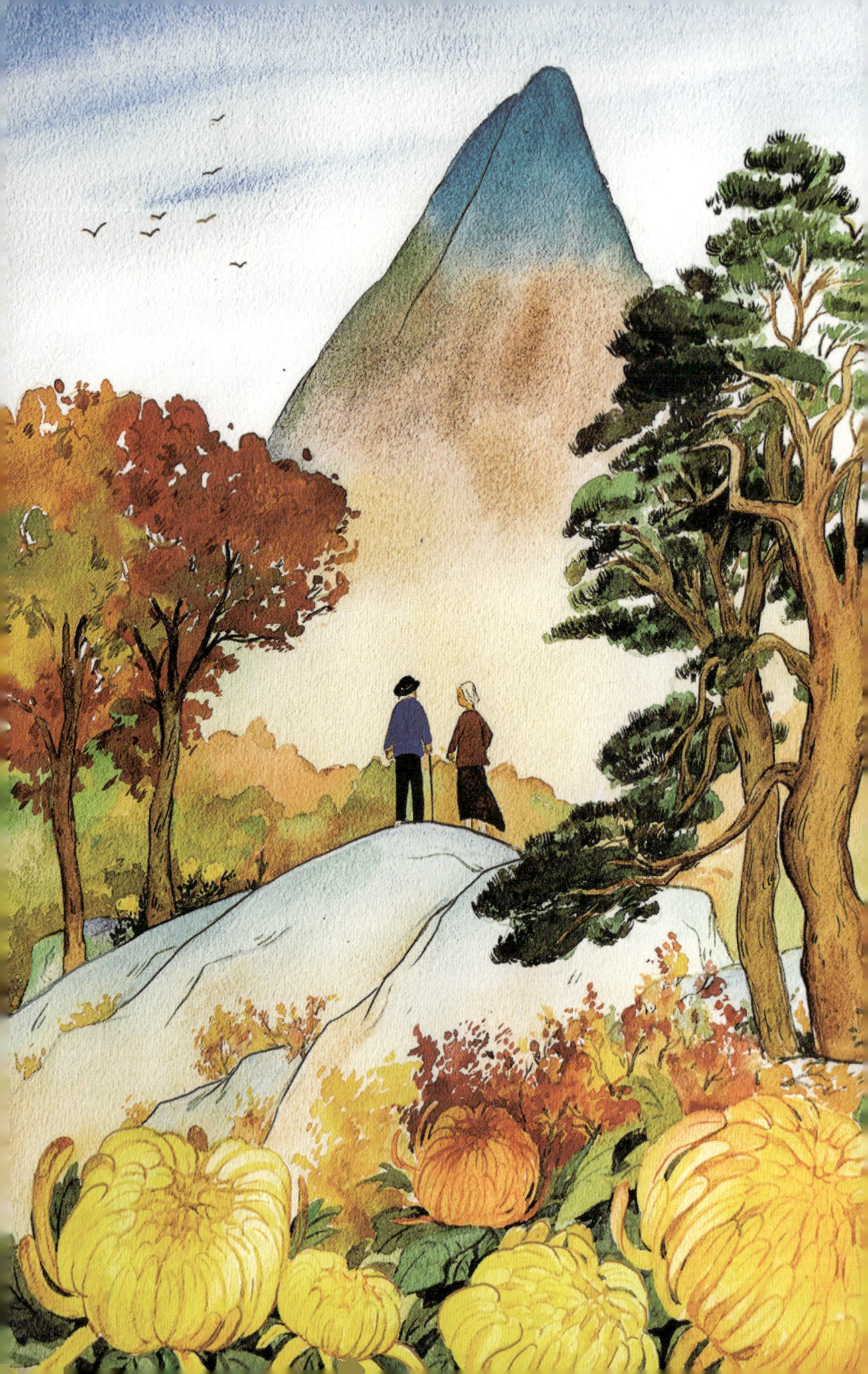

寒露

文_郭 梅

每年公历10月7日、8日或9日，太阳到达黄经195°时，时令交寒露。寒露是二十四节气里第一个带"寒"字的。相比白露节气，这时的气温下降了很多，寒生露凝，故称"寒露"。《月令七十二候集解》记载："九月节，露气寒冷，将凝结也。"我国民间有"露水先白而后寒"的谚语，意为白露节气后，露水从初秋的微凉转为深秋的沁寒。谚语还说："吃了寒露饭，少见单衣汉。"指的就是寒露过后寒意渐增，万物也日渐萧瑟，不宜再穿单衣和赤脚蹚水过河或下田了。寒露节气后，昼渐短，夜渐长，我国南方地区少雨干燥、秋意渐浓，而北方地区则已从深秋进入或即将进入冬季。

持螯小饮，对菊吟诗

寒露有三候，一候鸿雁来宾，二候雀入大水为蛤，三候菊有黄华。寒露时节，鸿雁南飞，在《红楼梦》第六十二回《憨湘云醉眠芍药裀　呆香菱情解石榴裙》中，湘云出主意说要这样行酒令："酒面要一句古文，一句旧诗，一句骨牌名，一句曲牌名，还要一句时宪书上的话，共总凑成一句话。"宝玉一时间想不出来，黛玉便替他作了一首酒令诗："落霞与孤鹜齐飞，风急江天过雁哀，却是一只折足雁，叫得人九回肠。这是鸿雁来宾。"其中的"鸿雁来宾"，便是寒露之一候。同时，随着天气逐渐转凉，鸟雀逐渐稀见，海边却出现了不少与雀鸟的颜色和纹样差不多的贝壳，故而古人认为"雀入大水为蛤"，晋人干宝在其志怪小说《搜神记》里亦曰："百年之雀，入海为蛤。"即鸟雀入水幻化为蛤。与此同时，秋菊开始争芳斗妍。唐代诗人元稹的《咏廿四气诗·寒露九月节》云："寒露惊秋晚，朝看菊渐黄。千家风扫叶，万里雁随阳。化蛤悲群鸟，收田畏早霜。"活脱脱便是三候的五言诗版。明代学者唐时升的《园中十首·其一》则一开篇便突出了这时节的秋高气爽："秋高寒露至，旭日犹融融。"而开元名相张九龄在一个清秋的早晨闲坐书斋眺远抒怀，欣然命笔："寒露洁秋空，遥山纷在瞩。孤顶乍修耸，微云复相续。人兹赏地偏，鸟亦爱林旭。结念凭幽远，抚躬曷羁束……"（《晨坐斋中偶而成咏》）但见高天流云，群鸟颉颃，遥山远岑奔来眼底，胸怀大唐社稷江山的诗人心境闲适，爱煞那一派天淡云闲、清旷高爽的秋日好景。

寒露时节，秋收和秋播都到了最后关头，不仅棉花、大豆要抓紧收割，冬小麦也要及时播种，即所谓，寒露不摘棉，霜打莫怨天。晚种一天，少收一担。寒露到立冬，翻地冻死虫，说的就是秋收以后还要深翻土地，为下一轮的丰收做准备。农谚如，上午忙麦茬，下午摘棉花，寒露时节人人忙，种麦摘花打豆场，等等，说的都是"三秋大忙"的农事。其中，收割大豆最好在早上有露水时，用钩镰割倒后要轻摆轻放，以避免籽粒散失。割倒的大豆则需及时运回晒场脱粒，去杂晒干后入仓储藏。当代小说家王安忆曾在其《喜宴》里如是描写"燎豆子"："太阳偏西了，成了夕阳，那光带些姜黄色，老熟而宁静。秋天的天又高爽，空气几乎是透明的，几片薄云在夕照里变着颜色。割净的黄豆地里东一片西一片地躺着割倒的深色的豆棵。陡然升起一股烟，因为无风，而笔直地上升，在明净的空气中显得特别清晰，甚至，那飞舞在烟周围的细小的灰烬都历历在目。"字里行间满是丰收的喜悦和清秋的明洁了悟，相较中唐诗豪刘禹锡"晴空一鹤排云上，便引诗情到碧霄"的秋之颂歌，虽然少了些许白鹤排云直上碧霄的旷远，却多了不少人间烟火气和实实在在的踏实安稳。

米粮入仓、瓜果飘香的丰收金秋，也正是文人雅集的好时光。正所谓"露寒迟应节，天变勇飞沙。瓮白应浮酒，篱黄可著花"（南宋·曹彦约《寒露日阻风雨左里诗》），持螯小饮，对菊吟诗，正当其时。比如，曹雪芹笔下的大观园菊花诗会便热热闹闹的，《忆菊》《访菊》《种菊》《对菊》《供菊》《咏菊》《画菊》《问菊》《簪菊》《菊影》《菊梦》《残菊》，一组十二首诗，写尽了人淡如菊、心素如简的高古，亦活画出红楼儿女各自不同的心性与处境。当然，菊花诗会少不了品蟹。先是凤姐站在贾母跟前剥蟹肉，吩咐下人"把酒烫的滚热的拿来"。又命小丫头们去取洗手用的菊花叶儿桂花蕊熏的绿豆面子来。黛玉体弱，不敢多吃，只吃了一点儿夹子肉，就去钓鱼玩了。然后她"放下钓竿，走至座间，拿起那乌银梅花自斟壶来，拣了一个小小的海棠冻石蕉叶杯……斟了半盏，看时却是黄酒，因说道：'我吃了一点子螃蟹，觉得心口微微的疼，须得热热的喝口烧酒。'宝玉忙道：'有烧酒。'便令将那合欢花浸的酒烫一壶来……"，区区千余字，大户人家吃螃蟹的精致讲究、长幼有序的严苛规矩，以及众人的性格、处境，特别是宝玉对黛玉的体心贴意，已无不跃然纸上。最后李纨宣布公评："《咏菊》第一，《问菊》第二，《菊梦》第三，题目新，诗也新，立意更新，恼不得要推潇湘妃子为魁了。""孤标傲世偕谁隐，一样花开为底迟？"而这夺魁的诗句，又何尝不是潇湘妃子黛玉姑娘本人的传神写照？

水墨丹青，写尽离情

现实世界里见诸记载的文人秋赏雅集亦自不少，如乾隆十九年（1754）寒露后三日，偶抱小恙的文学家、金石学家王昶应其弟子吴廷韩的邀约，师生们在济南泛舟登高、赏画赋诗、小饮抒怀，好不畅快。几十年后，在王昶的记忆里，那次秋游仍历历在目："忆乾隆甲戌初秋，予薄游山左，寓吴凌云运使署。今香亭侍郎执经之暇，往往呼小艇，泛大明湖，登历下亭，上北极阁，望鹊华两山，青螺矗立云表，沿缘葭苇以归。"而且雅集当时所填的三叠长调《西河》（同吴廷韩由崞山河还至历下亭，晚荷已尽，芦雪翛然。时寒露后三日也），他也收入了自己刊刻于嘉庆十二年（1807）的《春融堂集》："微雨过，红衣冷。薄霭不沾明镜。芦花偶惹鲤鱼风，闲鸥警醒。清游曾寄集贤知，长笺写遍幽景。（词作者原注：时出赵子昂

《明湖秋瑟图》展玩）更唤酒、银瓶素绠。少消除、天涯旅兴。回忆江关路迥。想渔庄、雪藕丝莼，应向梦中寻，谁重省？"众荷凋残，芦花胜雪，微雨过后，师生相携，陶醉于泉城的朗朗秋光之中。

现代著名作家老舍先生也曾强调："济南的四季，唯有秋天最好，晴暖无风，处处明朗。这时候，请到城墙上走走，俯视秋湖，败柳残荷，水平如镜；唯其是秋色，所以连那些残破的土坝也似乎正与一切景物配合：土坝上偶尔有一两截断藕，或一些黄叶的野蔓，配着三五枝芦花，确是有些画意。"（《大明湖之春》）

而老舍先生眼中那"确是有些画意"的济南秋色，自然亦早就成为丹青高手笔下的妙境。崌山又名鹊山，王昶师生所望之"鹊华两山"即鹊山和华不注山，亦即元初大画家赵孟頫的代表作《鹊华秋色图》中的两座山。据说，赵孟頫从山东罢官回到家乡浙江湖州后，在元成宗元贞元年（1295）年底为好友周密绘制了一幅纸本水墨设色山水画，描摹的就是周密的祖籍济南东北华不注山和鹊山一带的秋景，以多种色彩调和渲染，虚实相生，笔法潇洒，意境清旷，满纸恬淡闲静，一派田园况味。画面上最重要的是两座山：右边突兀耸立着的华不注山双峰挺秀，呈三角形，左边的鹊山则状如牛背。画家自题曰："公谨父，齐人也。余通守齐州，罢官来归，为公谨说齐之山川，独华不注最知名，见于左氏，而其状又峻峭特立，有足奇者，乃为作此图。其东则鹊山也。命之曰鹊华秋色云。元贞元年十有二月。吴兴赵孟頫制。"该图绘制的是济南郊区平川洲渚、红树芦荻的烂漫秋色，左边鹊山和右边华不注山遥相呼应，刚柔相济。画家创造性地将水墨山水与青绿山水融为一体，综合运用多种艺术技法，画面上农舍隐隐、轻舟数叶,林木草卉茂杂,农人怡然渔牧,牛羊悠然觅食。鹊山山峦浑厚,深静凝重,设花青色;华不注山主脉分明,形势峭拔,呈石青色,山顶微染赭石;房舍人畜、芦荻舟车等精工细描,设色清淡明丽。《鹊华秋色图》风格秀雅,俊逸苍古,为历代收藏家所珍爱。

值得注意的是,在乾隆十九年(1754)那场寒露后三日的游赏中,不仅王昶他们游历的路线和所见景致与《鹊华秋色图》非常相似,而且中途小憩时还展玩了赵孟𫖯的《明湖秋瑟图》!从画名揣测,应是前者模山后者范水,两者均乃泉城秋景佳构。遗憾的是,《明湖秋瑟图》今已佚失,空留画名供后人怀想。

当然,除了咏菊雅集寄情怡性,文人墨客在清泠泠的秋光中,大多是"悲寂寥"。元杂剧《王粲登楼》乃剧作家郑光祖根据建安七子之一王粲的《登楼赋》和《三国志·王粲传》敷衍而成,说的是王粲家贫学富,恃才傲物,流落荆州,郁郁寡欢。在许达的邀请下,王粲与之同登溪山风月楼,"鲈鱼正美,新酒初香,橙黄橘绿可开樽,紫蟹黄鸡宜宴赏",正应开怀畅饮,王粲却道:"忆昔离家二载过,鬓边白发奈愁何。无穷兴对无穷景,不觉伤心泪点多。"不由得秋思连连,醉而思乡。许达说:"时遇清秋,阶下有等草虫,名寒蛩,又名促织,此等草虫叫动,家家捶帛捣练。"遂吟《捣练歌》一曲:"……秋天秋月秋夜长,秋日秋风秋渐凉。秋景秋声秋雁度,秋光秋色秋叶黄……寒露初寒寒草边,夜夜孤眠孤月前。促织促织叫复叫,叫出深秋砧杵天。谁能秋夜闻秋砧,切切悲悲悲不禁。况是思归归未得,声声捶碎故乡心。"一连串的"秋"字,合成失意书生心头之无尽悲愁。秋风秋雨愁煞人,潇湘馆里多愁善感的林妹妹也不免有感而发,在《秋窗风雨夕》中连用15个"秋"字:"秋花惨淡秋草黄,耿耿秋灯秋夜长。已觉秋窗秋不尽，那堪风雨助凄凉？助秋风雨来何速？惊破秋窗秋梦绿。抱得秋情不忍眠，自向秋屏移泪烛。泪烛摇摇爇短檠，牵愁照恨动离情。谁家秋院无风入？何处秋窗无雨声？罗衾不奈秋风力，残漏声催秋雨急。"

还有，白居易的《池上》实写寥落的秋景："袅袅凉风动，凄凄寒露零。兰衰花始白，荷破叶犹青。"不免让人想起李商隐的"留得枯荷听雨声"（《宿骆氏亭寄怀崔雍、崔衮》）。孟郊在《与韩愈、李翱、张籍话别》时见秋意阑珊，也情不自禁动了归心："客程殊未已，岁华忽然微。秋桐故叶下，寒露新雁飞。远游起重恨，送人念先归。"而另一唐人陈季卿在秋风瑟瑟中恋恋不舍地别妻离家，哀哀吟道："月斜寒露白，此夕去留心。酒至添愁饮，诗成和泪吟。离歌凄凤管，别鹤怨瑶琴。明夜相思处，秋风吹半衾。"（《别妻》）

粥美蔬香，叶红如霞

南宋嘉定二年（1209），年已耄耋的陆放翁胸膈患疾，从立秋一直病到近寒露，身体才有所恢复，淳朴的乡邻都为他高兴，为他设宴庆祝。为此，85岁的老诗人写了一组题为《嘉定己巳立秋得膈上疾近寒露乃小愈》的绝句，第九首便道："八月吴中风露秋，子鹅可炙酒新篘。老人病愈乡间喜，处处邀迎共献酬。"陆老夫子66岁开始便闲居故乡山阴，生活简朴甚至清苦，"半饥半饱随时过，无客无书尽日闲。童子贪眠呼不省，狸奴恋暖去仍还"（其六）"清泉白米山家有，盐酪犹从小市求"（其十），白粥果腹、与猫为伴，倒也闲适。虽然行走已不甚便利，但读了一辈子的书却仍是心头最爱，故道："寸步须扶本常事，细书妨读却闲愁。"（其十）何况还可以赋诗小酌自娱："小诗闲淡如秋水，病后殊胜未病时。自剪矮笺誊断稿，不嫌墨浅字倾欹。"（其八）"小诗苦思凭谁赏，绿酒盈尊每独倾。"（其四）让人感喟的是，这位曾以"塞上长城空自许，镜中衰鬓已先斑"（《书愤》）遣怀的爱国诗人，当人生进入倒计时，却是如此的从容坦然："客疾无根莫浪忧，今朝扫尽不容留。饭囊酒瓮非吾事，只贮千岩万壑秋。"（其十二）"老境情怀例如此，不须惆怅感余生。"（其四）

陆游老夫子在这组绝句里还说："粥香可爱贫方觉，睡味无穷老始知。"（其七）又云："一枕鸟声残晓梦，半窗竹影弄新晴。屏深室暖秋垂老，粥美蔬香疾渐平。"（其五）可见，他老人家的病，是靠喝粥吃素和充分的休息慢慢调养痊愈的。众所周知，米粥可以健脾胃、补中气，惠而不费，是秋季中老年人和慢性病患者的上佳食品。而这也正符合寒露时的养生原则，寒露时节气候变冷，正是人体阳气收敛、阴精潜藏于内之时，故此时的养生应以保养阴精、预防秋燥为主，宜早睡以顺应阴精的收藏，早起以舒达阳气，可减少血栓形成的可能。同时，也应保证充足的睡眠，注意劳逸结合。中医学认为，寒露过后，避免受凉对于身体的保健十分重要。此时，人们该将凉鞋收起来了，以防寒从足生。除了足部，脾胃、颈部和腰部也不可暴露受凉。同时，因为胃肠道对于寒冷的刺激非常敏感，在寒露节气应少吃辛辣刺激、熏烤的食物，宜多吃芝麻、核桃、银耳、萝卜、番茄、莲藕、百合、沙参等滋阴润燥、益胃生津的食品。水果可选梨、提子、荸荠、香蕉等，蔬菜可选胡萝卜、冬瓜等，此外，还可食豆类、菌类、海带、紫菜等。早餐最好喝温热的药粥，如甘蔗粥、玉竹粥、沙参粥、生地粥、黄精粥等。中老年人和慢性病患者还应多吃些红枣、莲子、山药、鸭、鱼、肉等。或许，陆老夫子还曾服用具有清热解毒、清上泄下之功效的凉膈散。该方剂出自北宋《太平惠民和剂局方》，药物成分主要有芒硝、大黄、栀子、连翘、黄芩、甘草、薄荷、竹叶，主治面赤唇焦、胸膈烦躁、口舌生疮等。

明代嘉靖年间文人丘云霄有五言律诗一首，叙写寒露日与老友重聚的情形，题为《寒露同李洗松宿方塘书舍》，诗曰："露重怜今夕，秋深试薄寒。溪声乱篱落，月色动柴关。菊密欲藏径，花娇故傍栏。相看疑梦寐，秉烛问更阑。"其尾联情思怆然，与杜工部《羌村三首》之名句"夜阑更秉烛，相对如梦寐"如出一辙。寒露过后气温日渐降低，加之大自然的肃杀之气，此时，人易积郁在心，也易伤肺，故应特别注意心血管疾病如冠心病、高血压、心肌炎等的复发，并适当增加文体活动，以保持乐观情绪。同时，还应随时备好急救药品，防止因气温骤降而引发哮喘、中风、心肌梗死等突发疾病。运动方面，则需结合自身身体状况确定运动方式及运动量。

寒露时节，除了前文所言的吃螃蟹、赏菊花，我国民间还有吃寒露糕和登高望远的习俗——寒露往往和传统节日重阳节在同一时段，天气由凉转冷，核桃、莲子、板栗、芝麻等大量上市，人们在花糕的中间夹上核桃仁、芝麻等，称为寒露糕、重阳糕，寓意步步高升。

"寒露柿红皮，摘下去赶集。"寒露时节最典型的水果是柿子，还有山楂和石榴，它们或紫或红，鲜艳饱满，丰美诱人，加上漫山遍野的红叶和千姿百态的菊花，给萧飒的秋天染上一抹抹璀璨的光华。

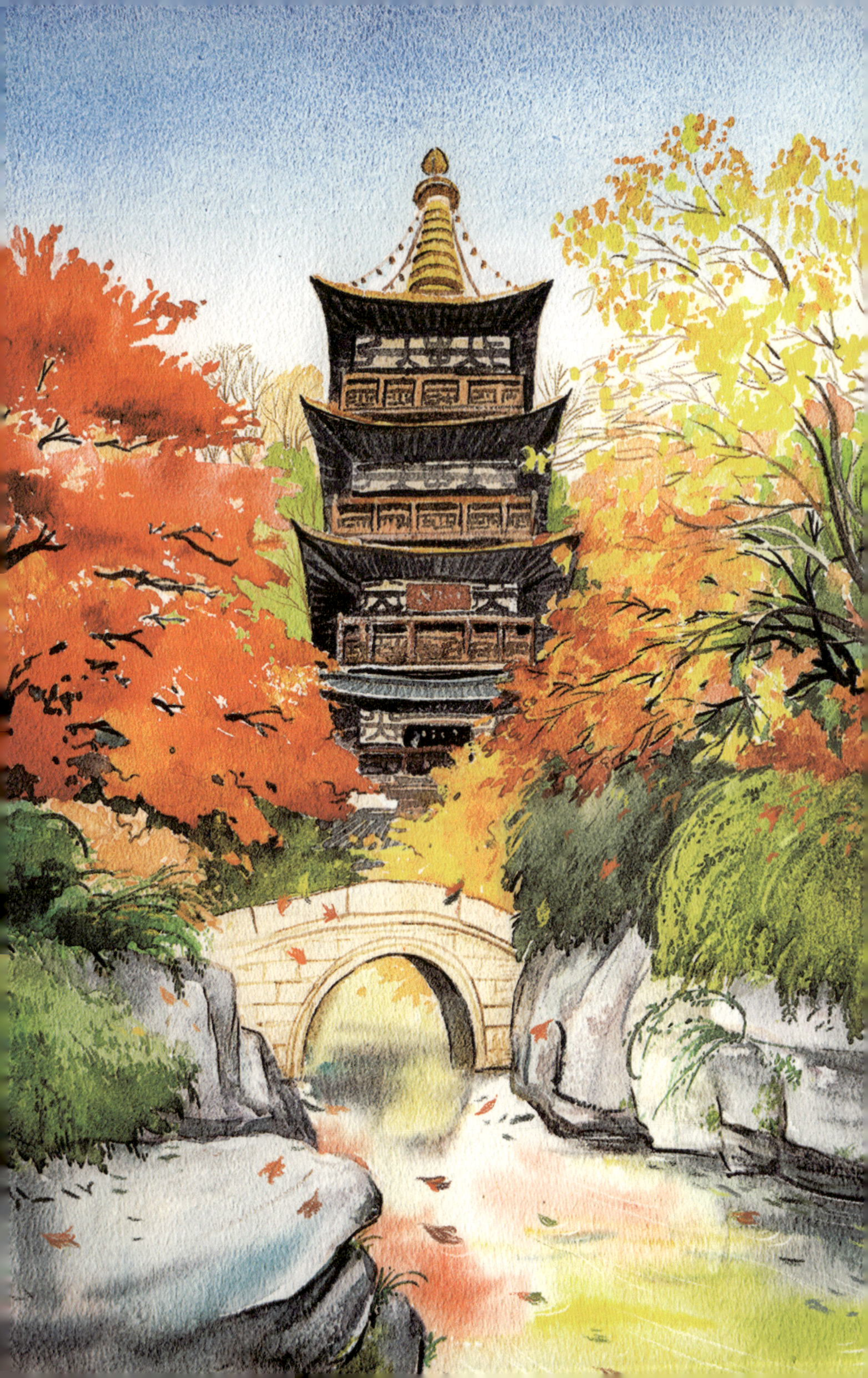

霜降

草木黄落

文_安颜颜

　　二十四节气的成型之路十分漫长，霜降不是最早被确定下来的节气，但从《礼记·月令》中的"霜始降"、《诗经·七月》中的"九月肃霜，十月涤场"中不难发现霜降悠久的"家世渊源"。比起"四立两分两至"，霜降的标识性似乎也不算分明，但进一步观察就能发现，这一节气有着独特的分野：霜降，是一年之中昼夜温差最大的时节。交节时间在公历10月23日或24日，太阳到达黄经210°。如果要为北半球的渐寒之路找一个起点，那这个起点是霜降。

　　霜降是主谓短语。霜是名词，降是动作。秋季夜晚散热快，温度降到零度以下，空气中的水蒸气在地面或植物上直接凝结形成细微的冰针，这便是霜。大约周秦时期的古人以为霜从天而降，因此将初霜时的节气取名"霜降",这种看法虽然不甚科学,却更加浪漫。

古人还用一个故事解释霜降时的气温骤降。恰如《淮南子·天文训》所言:"至秋三月,地气不藏,乃收其杀,百虫蛰伏,静居闭户,青女乃出,以降霜雪。"也就是说,霜降之所以寒冷,是因为主管霜雪的青女于此时出关。不少文人为此对青女颇有微词,如寒山的"屡见枯杨荑,常遭青女杀"(《诗三百三首·其一百十五》),姚鼐的"今年青女慵司令,九日黄花未吐枝"(《问张荷塘疾》)——杨荑的枯萎和菊花的晚开,都成了青女的罪过。倒是李商隐的《霜月》豁达一些:"初闻征雁已无蝉,百尺楼高水接天。青女素娥俱耐冷,月中霜里斗婵娟。"

霜降有三候,一候豺乃祭兽,二候草木黄落,三候蛰虫咸俯。霜降初到,豺开始捕获猎物过冬。古人认为"祭天报本也",喜欢将动物界罗列食物的行为视为祭祀,七十二候中有獭祭鱼、鹰乃祭鸟,连同豺乃祭兽,分别对应着初春、初秋和深秋时节,也体现了古人对天人合一这一理念的朴素认知。接着,草木继续黄落、万物逐渐凋零,深秋的凛冽之气也一日浓过一日。再后来,蛰虫进入冬眠状态,天地开始岑寂,经历了春耕夏耘和秋收,人们跟随大自然一道休眠敛藏,以迎接下一个春天。

农人的草木

对于农人来说,露与霜的变化直接影响着田地里的生计。

中原地区谷雨断霜、霜降见霜,没有霜出现的时节被称做无霜期。在无霜期,热量资源丰富,大自然为农作物的生长提供着丰富的物质基础,因此霜降的到来也预示着农人们一年劳作进入收尾阶段,可以准备冬休了。这种休憩不止于农人,《礼记·月令》有言:"霜始降,则百工休。"霜降之后,百工停止劳作开始休息的做法,既是顺时,也是因为天冷不便于工程或手艺制作。

关于霜降的农谚,大多带点说教意味,比如:"寒露不算冷,霜降变了天。""霜降霜降,洋芋地里不敢放。""霜降不出菜,冻坏你莫怪。"在云南宣威,旧时还有"霜降卜岁"的习俗,以有无霜降判断来年的收成。"霜降无霜,碓头没糠。""霜降见霜,米谷满仓。"如果霜降这天没有降霜,用来捣米用的碓头都不会沾上米糠;若是见了霜,来年的米谷则能填满粮仓。后者与另一句流传更广的农谚"瑞雪兆丰年"颇有异曲同工之妙。

或许是为了补偿农人们的辛劳,霜降以另一种方式为人们准备了礼物:经历了霜降考验的农作物,往往口感更为出彩。早在西汉,农学著作《氾胜之书》中便记载了"芸薹(萝卜)足霜乃收,不足霜即涩"的现象。农谚里说得更直接:"霜打的蔬菜分外甜。"

其实何止是蔬菜,柑橘、甘蔗等不少水果都是被霜打过之后更为甜美可口,因为这些果蔬启动了"防冻保护模式",用糖水冰点低来保护自己。比如青菜,青菜本身含有淀粉,淀粉既不甜也不易溶于水。霜打后,青菜里的淀粉会降解,转化为蔗糖、葡

霜降

萄糖和果糖等。糖分能增加青菜的抗冻性，使其不易被冻坏。北方人钟爱的大白菜，南方人青睐的小油菜、莴笋、白菜薹等都属此类，经霜打后口感更好，而且容易煮软。王景彝《琳斋诗稿》："紫干经霜脆，黄花带雪娇。"民间亦有"梅兰竹菊经霜脆，不及菜薹雪后娇"的民谚，霜打后的果蔬居然能卓然凌驾于花中四君子之上，不知坚称"无竹令人俗"的苏轼如泉下有知会做何感想呢？

放下了锄头，农人们有了丰富的时间准备各种仪式活动。作为秋天最后的节气，霜降受到了百姓普遍的重视，各地多有驱凶、扫墓等习俗，祈求来年风调雨顺、生活幸福安康。

广东佛山高明区一带，霜降前有"送芋鬼"的习俗。村民们会聚集起来，用瓦片垒成一个梵塔，然后点燃堆在塔里面的干柴，柴火烧得越旺越好。待大火将瓦片烧至通红时，人们推倒梵塔，然后将芋放置在烧透的瓦片下，这被称为"打芋煲"。芋被烤熟后，人们便将瓦片都丢至村外，称之为"送芋鬼"。明人将重阳与霜降结合，在深秋时节吃迎霜麻辣兔、饮菊花酒；清人还有在霜降期间吃迎霜粽的习俗。当然，霜降的氛围也可以很热烈——在京城、苏州等大都市，霜降后斗鹌鹑赌博则广为流行。将鹌鹑藏于彩色袋中，如果天气过于寒冷，还要外加皮套，笼于袖中，聚而斗阵。好斗的鹌鹑显然奇货可居，正如陆启浤《北京岁华记》描绘的那样，富家子弟"霜降后，斗鹌鹑，笼于袖中，若捧珍宝"。

似乎大自然也了解到了霜降对于寻常百姓的重要，于是通过一封特殊的函件提醒人们这一时节的到来，这就是霜信，信中的字句则是鸿雁南飞的轨迹。元好问《药山道中》诗云："白雁已衔霜信过，青林闲送雨声来。"毛晋《毛诗草木鸟兽虫鱼疏》的解释写实些，提到北方的白雁"秋深方来，来则降霜。河北谓之霜信"。从劳作需求的角度来看，农人们一定比文人更在意这一暗示，但"碓头没糠""米谷满仓"之类的俗语，到底是不如"霜信"一词雅致。

诗家的歌赋

一切景语皆情语，诗人眼中的霜降，当然也是诗性的。

霜降的前一个节气是寒露，《月令七十二候集解》云："九月中，气肃而凝，露结为霜矣。"《二十四节气解》云："气肃而霜降，阴始凝也。"季节由秋入冬，阳气由收到藏，露也凝结成了霜，这种浪漫的转化，赋予了霜降与生俱来的文学气质。因此，诗人笔下的深秋，露与霜往往结伴而行：曹丕的《燕歌行》有"秋风萧瑟天气凉，草木摇落露为霜"，左思的《杂诗》有"秋风何冽冽，白露为朝霜"，皆是露霜并用。

古人眼中，露是液态的霜，霜是固态的露，但露是润泽，霜却有了更复杂的意味。《礼》云："霜露既降。"郑玄为"霜露既降"一句作注道："感时念亲也。"在古诗词中，人们常常遥望月亮思念亲人、故乡，而月光如霜，霜便自然与对故乡与亲人的思念联系在了一起。中国人耳熟能详的李白的《静夜思》写道："床前明月光，疑是地上霜。举头望明月，低头思故乡。"李益的《夜上受降城闻笛》有"受降城下月如霜"，依然是如霜的月光，使"一夜征人尽望乡"。元稹亦在《咏廿四气诗·霜降九月中》里写道："秋色悲疏木，鸿鸣忆故乡。"

游子见霜降而思乡念亲，亦有其特殊的文化背景。"万般皆下品，惟有读书高"，古代中国，"学而优则仕"几乎是唯一正途，而参与科举、求取功名，在农耕社会里造就了数量众多的游子。在唐代，经过县、州两级考试合格的士子应在十月集中到京城应试，离京城较远者就必须在秋季八九月间出发，霜便成了游子诗中常见的歌咏对象。

游子的霜诗，最著名的莫过于张继的《枫桥夜泊》："月落乌啼霜满天，江枫渔火对愁眠。姑苏城外寒山寺，夜半钟声到客船。"《枫桥夜泊》的传唱度无须赘言，然而从霜的视角来看，这首诗却有些不符合实际。霜是附着在物体表面所形成的水汽凝华，绝不可能漫天飞舞，恰如刘学锴在《唐诗选注评鉴》中所分析的那样："深夜侵肌砭骨的寒意，从四面八方围向诗人夜泊的小舟，使他感到身外的茫茫夜气中正弥漫着满天霜华。"

从空间维度来看，霜降能够跨越千里，勾连起游子与故乡亲人的情感联结；而从时间维度来看，一岁一度的霜降，也令霜成为可以用来计算时间的尺度。如贾岛《渡桑干》："客舍并州已十霜，归心日夜向咸阳。"范成大《赠书记归云山》："一枕清风四十霜，孤生无处话凄凉。"汤显祖《刘君东下第南归》："漠漠蒹葭映夕阳，同人秋鬓十三霜。"十霜即是十年，只是"年"一旦成了霜，这悠悠岁月就显得格外漫长了。

行伍的旗纛

如果说霜降在农人眼中标记着劳作的节奏，在诗人眼中渲染着思乡的情怀，那在军人眼中，这个节气则代表着一年一度专属于行伍的浩大典礼。

《明会典》载:"春祭用惊蛰日,秋祭用霜降日……若出师,则取旗纛(dào)以祭。班师则仍置于庙。"所谓旗纛祭祀,是一种军中专祭之礼。《礼记·王制》云:"天子将出征,类乎上帝,宜乎社,造乎祢,祃于所征之地。"这里的"祃"即为旗纛祭祀,郑玄在注中解释道:"祃,师祭也,为兵祷。"大约是旗纛祭祀之礼在东汉时期已经式微,因此郑玄紧接着又加了一句"其礼亦亡"。明朝建立后,对历代礼仪多有继承发扬,旗纛祭祀也由此焕发了新生。

或许是因为以武为国,明代没有采用宋代以文抑武的政策,相反大幅度提高武官级别,旗纛祭祀的兴盛也成为这一时代洪流中一道小小的注脚。明代立国之初,旗纛祭祀极为频繁,洪武三年七月之前每月朔望日均行祭祀旗纛之礼,后方改为每年春秋两次祭祀。

张以宁《翠屏集》中记载了明代旗纛祭祀的发轫:"洪武纪元之四月,公总率大军建牙于广。是月平三山贼,七月平山南、龙潭诸寨,十一月开广东卫,岭表咸靖。越明年三月,有旨大都督府即所治后立旗纛庙,有旗有帜,悉庋于中,岁春惊蛰、秋霜降,祀以太牢。天下守镇官于总卫各立庙,视京师典礼如之。"

从明代大量的地方志中能够看出,凡有卫所的地方,基本都能看到旗纛庙和旗纛祭祀的记载。如嘉靖《邵武府志》:"旗纛庙,在卫署西,所祀军牙六纛之神,卫所守御官皆得立庙致祭。旧典春祭用惊蛰日,秋祭用霜降日,今惟霜降日。"祭祀的神祇也颇为复杂,有"旗头大将、六纛大将、五方旗神、主宰战船正神、金鼓角铳炮之神、弓弩飞枪飞石之神、阵前阵后神祇五昌神众"等,可以看出明代的旗纛祭祀盛极一时。

随着承平日久，明代各地卫所的旗纛祭祀大约在嘉靖之后开始减少，后逐渐定为每岁霜降日祭祀旗纛诸神一次，依托旗纛祭祀发展而来的节庆活动却依然热闹非凡。田汝成《西湖游览志》载："旗纛庙，洪武三年建于都督府后，以祀军牙六纛之神。每岁惊蛰、霜降祭之。八年，都指挥使徐司马改建于普济桥东。诏停春祭，岁霜降。先一日，本司以所制军器绕城迎之，鼓吹殷作，谓之扬兵，至日乃祭。"到了祭祀的正日，诸种技艺纷呈，迎神赛社，热闹异常。"霜降之日，帅府致祭旗纛之神，因而张列军器，以金鼓导之，绕街迎赛。谓之扬兵。旗帜、刀戟、弓矢、斧钺、盔甲之属，种种精明，有飙骑数十，飞辔往来，呈弄解数，如双燕绰水、二鬼争环。"旗纛祭祀，在江南俨然成了一个重要的节日庙会，也由此沾染上了浓浓的世俗色彩。

明清易代后，旗纛祭祀的礼仪依然得以保留。康熙《建宁府志》载："故址，本主题曰：'旗纛庙在行都司后，在宋云榭台军牙六纛之神。'岁霜降日行都司官率其属戎服以祭，祭物于本府库支官钱办祭，仪与府社稷同。今祀守备司主之。"每年霜降前夕，各地的校场演武厅的武官们都要身穿铠甲、手持刀枪弓箭，列队前往当地的旗纛庙举行收兵仪式，期望能拔除不祥之事，以求天下太平。届时，武官们在庙中集合，向旗台行三跪九叩首的大礼。礼毕，列队齐放空枪三响，然后再试火炮、打枪，称之为"打霜降"，此时的百姓则如潮水般聚集在周围围观。当然，随着岁月流逝，一定程度的移风易俗不可避免，清代的旗纛祭祀中混杂了满族竖纛而祭的旧俗，而明代旧有的仪式和用乐则渐渐不为人所知了。

四季轮回是天道，天地不仁以万物为刍狗。霜降在千百年中华文明的浸润下，在人们心中留下了色彩鲜明的文化印痕。"霜降杀百草"，那是农人对一年收成的质朴期待；"客舍并州已十霜，归心日夜向咸阳"，那是诗人对因霜降而起的念亲之感的文学概括；而盛行千年之久又最终消亡的旗纛祭祀，则是将士们在这个特殊的日子里对神祇表达敬畏的行伍礼仪。深秋的凌冽因此有了更丰富的内涵。

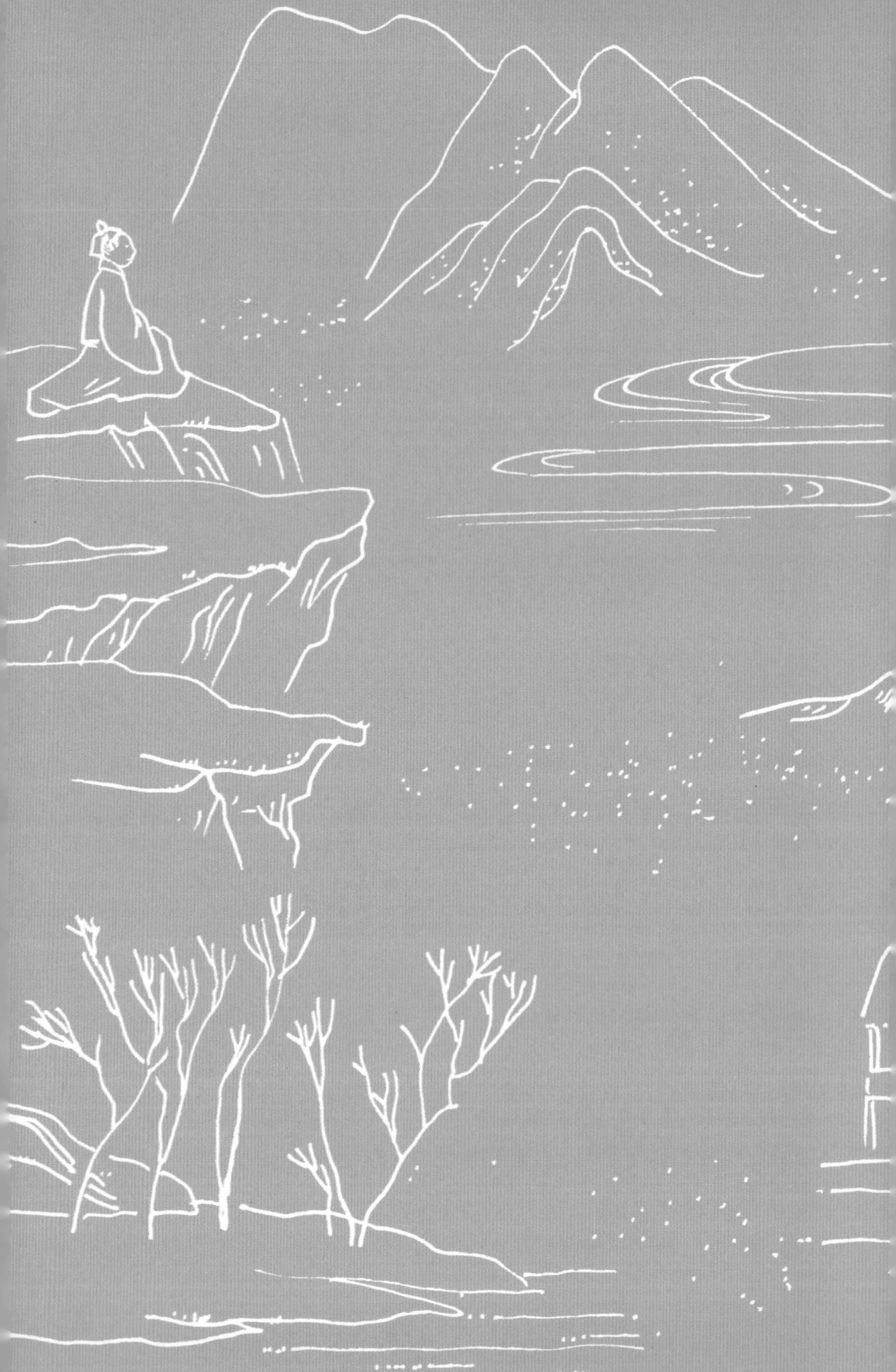

Winter 冬

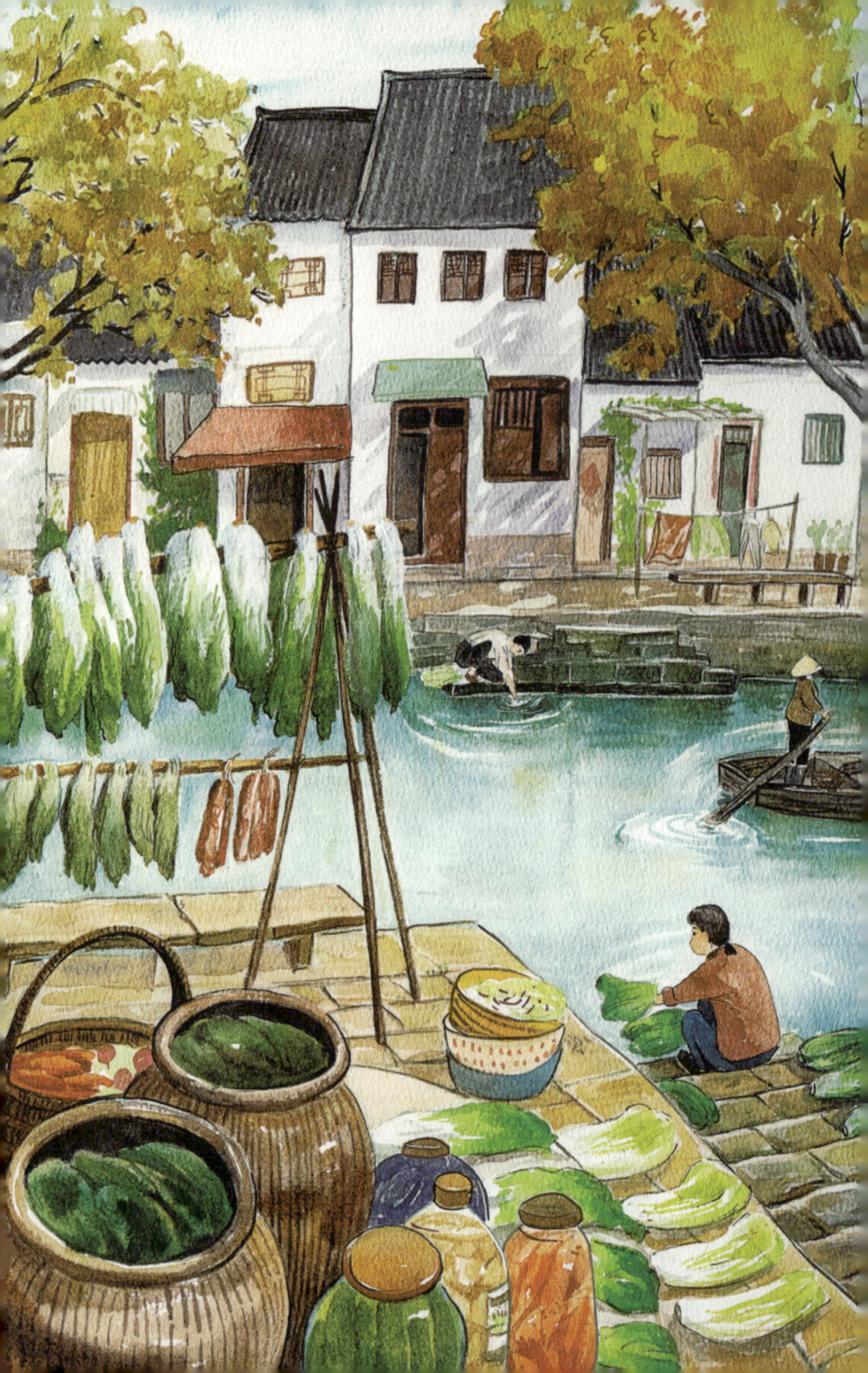

立冬

万物收藏

文_方 云

"天水清相入，秋冬气始交。"立冬节气意味着秋尽冬来，寒冷的冬季开始了。

立冬是四立之一，八节之一，在公历11月7日或8日交节，此时太阳位于黄经225°。立冬虽然在节气意义上已入冬，但距离冬至、小寒、大寒等气象学上感到严寒的冰点仍尚有时日。尤其是在温暖的南方，立冬后还有"小阳春"的现象，让人产生"冬日胜春朝"的错觉，正所谓"已涉初冬节，还看九日花"。在阵阵加紧的北风促使下，先民积极采用祈报、纳藏、补阳、养生等多种方式，安全、适意且诗意地度过漫长的冬季。

溯冬：冰冻始寒

立冬，二十四节气中的第十九个节气，冬季的第一个节气。《孝经纬》曰："霜降后十五日，斗指乾，为立冬，冬者，终也，万物皆收藏也。"《月令七十二候集解》亦云："立，建始也；冬，终也，万物收藏也。"立冬三候为："一候水始冰；二候地始冻；三候雉入大水为蜃。"立冬的到来，意味着万物收藏、规避寒冷，冬季开始。

《逸周书》云："立冬之日，水始冰，地始冻。"天寒地冻便为冬。甲骨文的"冬"字像一根两端各打一结的线绳，引申义为末端、终点。当出现四季的划分时，冬季成为最后一个季节，冬用来指代季节的终了，"终"字是于"冬"字基础上增添了表示绳线的绞丝旁。发展到金文时，为了更形象地传达出冬季寒冷这一典型特征，古人便在绳圈里放置了一个"日"字，表示太阳被遮挡，热量被屏蔽，气温下降而体感寒冷。到了竹简上的小篆，字形下方又增加了"仌"，这是"冰"字的最早字形，形象地传达了地面冰冻的现象，后来简化为两个点，最终形成了现在的"冬"字。古人在表达冬季酷寒的体感时，也极富有画面感与创造力。金文"寒"字像人站在屋檐下，脚踩两块冰，有寒从脚生之意。为了驱除寒意，则在身周放上四把干草做成的草褥子。

立冬三候"雉入大水为蜃"，雉指野鸡一类的大鸟，蜃是大蛤。先民基于对立冬时节自然物候细致的观测，发现立冬之后雉鸟渐稀，而海边出现了外壳上的线条和颜色与野鸡翎羽相似的大蛤，古人便认为雉在立冬节气变成了大蛤。古人认为大蛤呼出的气能形成海市蜃楼，一如元稹《咏廿四气诗·立冬十月节》诗所云："霜降向人寒，轻冰渌水漫。蟾将纤影出，雁带几行残。田种收藏了,衣裳制造看。野鸡投水日,化蜃不将难。"

迎冬:授衣问岁

从"分、至、启、闭"的划分,可看出古人极为重视季节转换的节点。上古时,人们于"启、闭"之时,向天地、日月星辰、山川河海等祈祷,迎接四季。古人认为在季节转换的特殊节点上,人们易与天地沟通,以至天人合一的胜境,从而达成祈谷、祈寿、祈平安等诉求。逢四季"启、闭"之日,天子均要率领三公、九卿、大夫到郊外迎接新季节的到来。《后汉书·祭祀志》载:"立春日迎春于东郊,祭青帝、句芒;立夏日迎夏于南郊,祭赤帝、祝融;立秋前十八日迎黄灵于中央,祭黄帝、后土;立秋日迎秋于西郊,祭白帝、蓐收;立冬日迎冬于北郊,祭黑帝、玄冥。"后汉除祭四帝外,又于立秋前十八日祭祀黄帝。在五郊迎气祭祀的神灵中,青、赤、黄、白、黑五帝为主神,句芒、祝融、后土、蓐收、玄冥五神为辅佐神。

立冬日,迎冬祭祀的黑帝为颛顼,玄冥名禺强,为北方之神,也是冬季之神。《山海经·海外北经》记述了玄冥的形象:"北方禺强,人面鸟身,耳两青蛇,践两青蛇。"郭璞注:"玄冥,水神也。"迎冬神的仪式极为盛大,车旗服饰皆黑,歌《玄冥》,八佾舞《育命》之舞。《玄冥》之歌由七十童男童女一起高唱"玄冥陵阴,蛰虫盖臧……籍敛之时,掩收嘉谷",以祈来年的丰收。

迎冬仪式前三日,天子要沐浴斋戒;仪式结束回朝后,天子将表彰与抚恤为国捐躯的烈士及其家小,提振士气。《吕氏春秋·孟冬纪》曰:"是月也,以立冬。先立冬三日,太史谒之天子,曰：'某日立冬，盛德在水。'天子乃斋。立冬之日，天子亲率三公、九卿、大夫以迎冬于北郊。还，乃赏死事，恤孤寡。"高诱注："先人有死，王事以安边社稷者，赏其子孙；有孤寡者，矜恤之。"

立冬授衣，则是天子赏赐大臣锦衣裘帽以示慰问。晋崔豹《古今注》："汉文帝以立冬日，赐宫侍承恩者及百官披袄子。"又"大帽子本岩叟野服，魏文帝诏百官常以立冬日贵贱通戴，谓之温帽"。授衣送暖之习代有沿革。宋代陶毅《清异录》记载："唐制，立冬进千重袜。其法用罗帛十余层，锦夹络之。"至宋代，祠部规定立冬休假一日，如遇瑞雪则发放雪寒钱等，体现出上对下的优恤。

冬月十月也是祭祖的重要月份。《礼记·月令》中有"孟冬之月天子以猎物祭祀先祖"的记载。《礼记·王制》载："天子诸侯宗庙之祭，春曰礿，夏曰禘，秋曰尝，冬曰烝。"汉代董仲舒在《春秋繁露·四祭》中云："古者岁四祭。四祭者，因四时之所生熟，而祭其先祖父母也……秋曰尝，冬曰烝。此言不失其时，以奉祀先祖也。"其中，立冬之日举行的"冬烝"之祭，"烝者，以十月进初稻也"，即以新收获的稻子来祭荐祖先。立冬日，民间农具皆收，耕牛不使，祭祖、饮宴、卜岁尤胜，多以时令佳品向祖灵荐新祭祀，祈求上苍赐予来岁丰年。至今我国部分地区仍存有立冬卜岁习俗，如福建畲族的登山、巡田，以及到神庙卜岁的"探宝"活动，霞浦地区的农民有到龙首山舍人宫田祖前卜问来年丰歉的问苗活动。

御冬：藏蔬温炉

"春生夏长，秋收冬藏，此天道之大经也。"（《汉书·司马迁传》）冬季万物凋敝，来年的生产尚未开展，古人早早藏纳好食物，以度过漫长冬日。陆游在其《书壁》中云："炊粟犹支日，藏蔬可御冬。"于石《次韵天民有年》中亦述："三时足勤苦，真乐在冬藏。"苏辙亦云"秋成粟满仓，冬藏雪盈尺"等，均形象说明了古人冬藏的生活智慧。

《东京梦华录·十月》载："是月立冬。前五日，西御园进冬菜。京师地寒，冬月无蔬菜，上至宫禁，下及民间，一时收藏，以充一冬食用。于是车载马驼，充塞道路。时物：姜豉、䴘子、红丝、末脏、鹅梨、榅桲、蛤蜊、螃蟹。"这里记载的风物姜豉，乃唐宋时期开封市肆名馔，这个古人依节令制作的冬日佳肴，将有限的食材发挥到了极致。陈元靓在《岁时广记》中对姜豉的制作与食用方法有详细的记述。此菜以姜调味，先烹制熟猪肘至肉烂汤浓，待汤汁凝冻后，再切成肉冻条，晶莹透明，红白相间，最后，食用时浇香醋、姜汁，配以香菜、韭黄，香嫩爽口，实为佐酒佳肴。

古人还善腌制咸菜以备冬蔬匮乏时食用。因以盐腌制，故称"盐菜"，又因藏之备用，亦称"藏菜"，更为好听的名字是"春不老"。清顾禄在《清嘉录》中记："（苏州）比户盐藏菘菜于缸瓮，为御冬之旨蓄。皆去其心，呼为藏菜，亦曰盐菜。有经水滴而淡者，名曰水菜。盛以所去之菜心，刓菔蘡（yīng）为条，两者各寸段，盐拌酒渍，入瓶倒埋灰窖，过冬不坏，俗名春不老。"我国北方地区腌菜则以大白菜、白萝卜、蔓菁等蔬菜为主，腌制的方法也多种多样。清人薛宝辰《素食说略·腌菜》云："白菜拣上好者，每菜一百斤，用盐八斤。多则味咸，少则味淡。腌一昼夜，反覆贮缸内，用大石压定，腌三四日，打稿装坛。"

佳肴须佐以佳酿，同时饮酒不失为冬日祛寒保暖的方法。李白《立冬》名句："冻笔新诗懒写，寒炉美酒时温。醉看墨花月白，恍疑雪满前村。"将冬日那份独有的慵懒与温酒痛饮的快意表达得酣畅淋漓。立冬适宜冬酿，皆因自此气温降低，细菌不易繁殖，使用的水及器具相对容易保持清洁，并可使酒长时间处于低温发酵状态。冬酿正可谓是集时令、草木、泉水酿制的精粹。顾禄在《清嘉录》中述："乡田人家，以草药酿酒，谓之冬酿酒。有秋白露、杜茅柴、靠壁清、竹叶青诸名。十月造者，名十月白。以白面造曲，用泉水浸白米酿成者，名三白酒。其酿而未煮，旋即可饮者，名生泔酒。"我国南方地区至今留有自立冬日开酿黄酒至来年立春为止的冬酿习俗，如浙江绍兴便在立冬日开酿黄酒，并祭祀酒神。

宋代以来，中原一带的文人士大夫则热衷于立冬宴饮的暖炉会，他们宴饮聚乐、吟诗唱曲、击鼓行令、听戏观舞……宋吴自牧《梦粱录》中述："有司进暖炉炭。太庙享新，以告冬朔。诸大刹寺院，设开炉斋供贵家。新装暖阁，低垂绣帘。老稚团圞，浅斟低唱，以应开炉之序。"《东京梦华录》卷九记："十月朔，有司进暖炉炭，民间皆置酒作暖炉会。"范成大《吴郡志》中也有"十月朔……是日开炉，不问寒燠皆炽炭"的记述。《武林旧事》卷九"张约斋赏心乐事"条则颇费笔墨，形象描写了立冬家宴的温馨："十月孟冬，旦日开炉家宴，立冬日家宴，现乐堂暖炉，满霜亭赏蚤霜，烟波观买市，赏小春花，杏花庄挑荠，诗禅堂试香，绘幅楼庆暖阁。"

立冬赏花、试香、品画等雅事尤为文人所好，正所谓"金盏酒羊羔满泛，红炉中兽炭频添。兰堂画阁多妆点。锦茵绣榻，翠幕毡帘。鸾箫谩品，鼍（tuó）鼓轻挝。唱清音余韵淹淹，捧红牙玉指纤纤。绮罗间盏到休推，宝鸭内香残再拈，玉壶中酒尽重添"。与此番门庭热闹相照应的，却是寒门学子于陋室中的立志，以及借寒冬表达人生境遇的那份旷达与自恰，如："闭户先生，拥书枯坐，只好敲冰煮茗。""门尽冷霜能醒骨，窗临残照好读书。拟约三九吟梅雪，还借自家小火炉。"还有陆游的《立冬日作》："室小财容膝，墙低仅及肩。方过授衣月，又遇始裘天。寸积篝炉炭，铢称布被绵。平生师陋巷，随处一欣然。"

养冬：负暄扫疥

天子以"暖"祈冬，民间以"饱"御冬，医家更以"补"来养冬。《黄帝内经》云："冬三月，此谓闭藏。"《尔雅·释天》曰："十月为阳。"古人认为，肾脏乃人身阴精阳气之本，冬令阳气潜藏于内，阴精固守充盛，是养精蓄锐的大好时机。《黄帝内经》道出的养生最高境界即为"美其食、任其服、乐其俗"。

民谚亦云"立冬补冬，补嘴空"，立冬食补以敛阴护阳为根本。元忽思慧《饮膳正要》中记："冬气寒，宜食黍，以热性治其寒。"各地立冬进补的习俗不尽相同。在我国北方，立冬时节要吃饺子，立冬正是秋冬季节之交，值此"交子之时"应吃饺子；在南方，立冬进补多采用药膳，常选用人参、当归、枸杞、黄芪等中药，配上乌鸡、鸽子、水鸭等肉类煲出一锅喷香的养生汤。

在潮汕地区，立冬时节家家户户吃炒香饭，以莲子、香菇、板栗、虾仁、红萝卜等炒制米饭而成，还要吃甘蔗，据说"立冬食蔗不会齿痛"；在漳州，立冬要制作"交冬糍"，以糯米为主料，浸泡蒸熟后于石臼里舂至绵软柔韧，最后制作成团状，裹上芝麻、黄豆或花生粉再拌上白砂糖，香甜软糯；在苏州，立冬少不了品味咸肉菜饭，用正宗霜打后的苏州大青菜，肥瘦兼有的咸肉，以及苏州白米精制而成，鲜碧可爱，风味独特；此外，民间还流传有神仙粥的歌谣："一把糯米煮成汤，七根葱白七片姜。熬熟兑入半杯醋，伤风感冒保安康。"这些食俗与食仪看似平凡，实则神圣，不仅带有庆丰年、酬劳作的意味，更是一种与寒冬的角力与抗衡，以追求生命的平稳过渡。

农历十月孟冬之卦属坤，意为剥尽、纯阴，纯阴意味阳初生，因此又称"阳月"。《黄帝内经》云："阳气者，若天与日，失其所，则折寿而不彰。"阳气不足，失于温煦，会导致身体出现一派寒象。补充阳气最简单有效的方法就是晒后背，又称"负日之暄""负暄"，简言之就是背日光而坐，晒太阳的意思。唐白居易亦十分推崇这一补阳之法，他在《负冬日》一诗中写道："杲杲冬日出，照我屋南隅。负暄闭目坐，和气生肌肤。"诗圣杜甫也爱晒太阳，其《西阁曝日》云："凛冽倦玄冬，负暄嗜飞阁。太阳信深仁，衰气欻有托。"清著名养生学家曹庭栋在《老老恒言》中也提倡，清晨早饭后"如值日晴风定，就南窗下，背日光而坐，列子所谓'负日之暄'也。背梁得有微暖，能使遍体和畅。日为太阳之精，其光壮人阳气，极为补益"。

旧时民间立冬日多有扫疥（jiè）等清洁身体的习俗。古人为了安然无恙地度过严寒，除了准备好冬衣、冬帽以御寒，还必须对身体进行清洁。立冬日，人们多用香汤浴身，不仅可以防治寄生虫与皮肤病，且可有效防止瘟疫的流行与传染，为安然过冬提供保障。明田汝成的《西湖游览志余》云："立冬日，以各色香草及菊花、金银花煎汤沐浴，谓之扫疥。"民国初胡祖德编著的《沪谚外编》也记载了上海地区"立冬日，以菊花、金银花、香草，煎汤沐浴，曰'扫疥'"。采桑煎汤洗目则是另一种保健方式，《广济方》谓："立冬日采桑叶一百二十片，每用十片，遇洗眼日期，煎汤洗之，治眼百疾。"桑叶性苦甘寒，能祛风清热，凉血明目，以老而经霜者为佳，尤能泄降肝胆之郁热。《普济方》《集简方》中均载有以桑叶治青盲、风眼下泪及赤眼涩痛之法。

《论语》云："四时行焉。百物生焉，天何言哉？"春生、夏长、秋收、冬藏，四时有序，人间迎来送往，立冬虽临近四季的终了，却又是新春的伏笔。在万物蛰居、收藏的一片沉寂和冷清中，人们怀抱着对春的期冀，找到了顺应自然、平衡进补之法，保证身体的健康。岁有其物，物有其容，情以物迁，辞以情发，古人相时而动、相机而动，感知自然、效法自然、顺应自然，并在与时令、天地的和谐中通达自然。正如老子《道德经》所云："致虚极，守静笃。万物并作，吾以观复。夫物芸芸，各归其根。归根曰静，是曰复命。复命曰常，知常曰明。"万物收藏，养蓄待发，是为立冬。

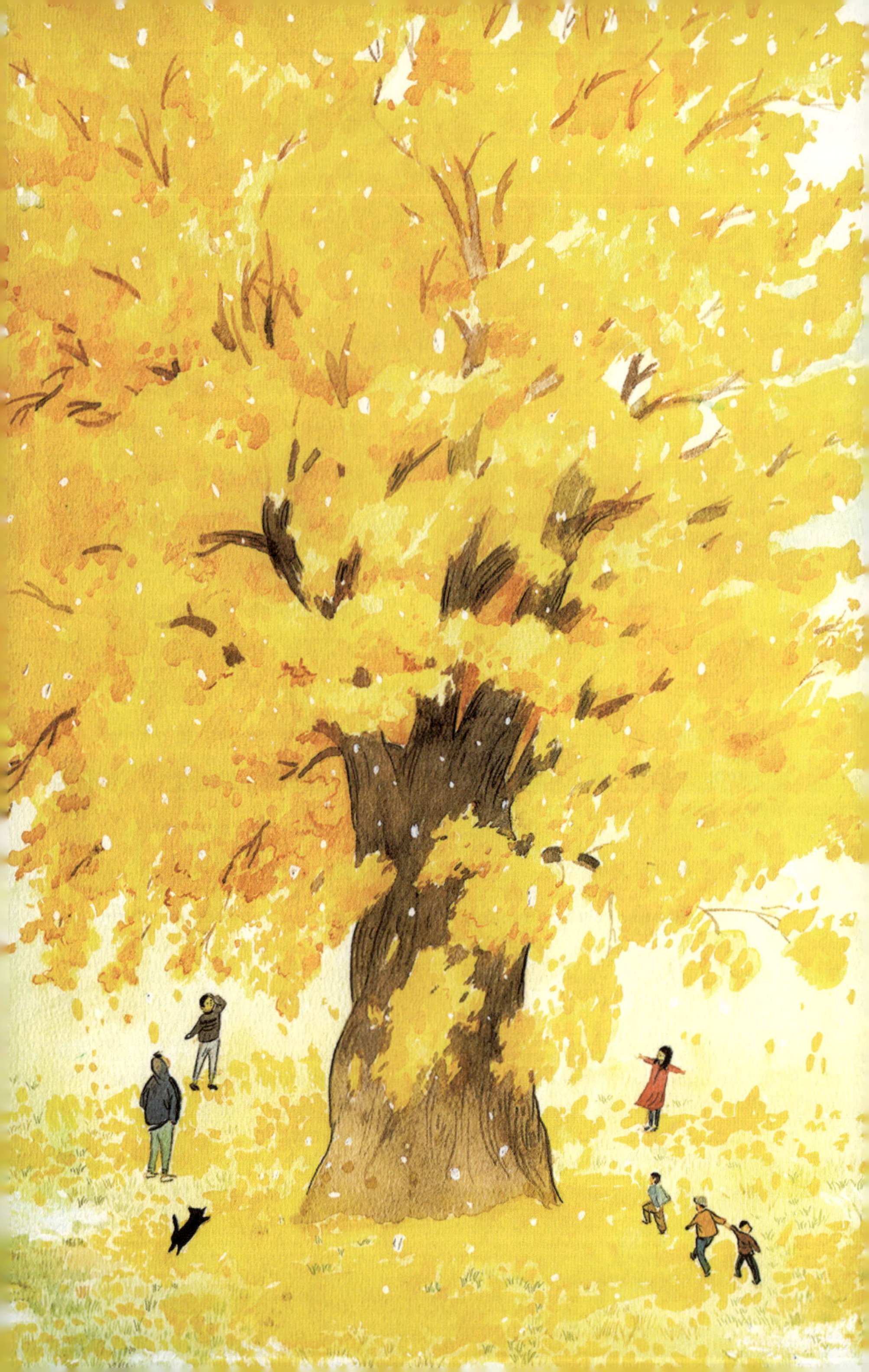

小雪

文_吴玉萍

　　小雪，进入冬藏后的第二个节气，一般在公历11月22日或23日交节。此时，太阳位于黄经240°。小雪虽没有寒露时菊花的傲骨之美，也没有大寒时节腊梅的迎春之姿，但那偶然掉落头顶的银杏，却似大自然赠给人们的初冬之礼。当暖阳洒落，那一树金黄越发明亮耀眼、光彩夺目，为这初冬时节增添了一抹亮丽的色彩。

　　小雪节气之名，首见于西汉初年淮南王刘安的《淮南子·天文训》。《说文》释"小"为"物之微也"，释"雪"为"凝雨，说物者"，小雪象征着雨水凝结而成的冰晶，从天上飘落，为大地万物带来喜悦。

　　小雪节气有三候：一候，虹藏不见；二候，天气上升，地气下降；三候，闭塞而成冬。此时北风常至，气温逐渐降到0°以下，北方地区以下雪为主，不再下雨了，虹也就不见了。阳气上升，阴气下降，天地不交不通，万物失去生机，天地闭塞，转入寒冬。

小雪和雨水、谷雨等节气一样，都是直接反映降水的节气。《月令七十二候集解》有云："雨下而为寒气所薄，故凝而为雪。小者未盛之辞。"小雪是反映天气现象的节气。《群芳谱》中说："小雪气寒而将雪矣，地寒未甚而雪未大也。"《孝经纬》中也说道："天地积阴，温则为雨，寒则为雪。时言小者，寒未深而雪未大也。"虽然小雪节气天气转冷，降水形式由雨改为雪，但由于此时"寒未甚"，雪量还不足，未到大雪纷纷时，较难见到"北风吹，雪花飘"的景象。与立冬和大雪相比，小雪更像是一种过渡，提醒着人们严冬即将到来。

融和长养
无时歇：养

二十四节气，关联顺天应时的饮食养生。阳气胜则散而为雨露，阴气胜则凝而为霜雪。小雪的到来意味着天气趋于阴冷晦暗，光照较少，这也预示着一年中到了御寒保暖、养阴补气的季节。

立冬补冬，小雪养阴。《黄帝内经》中就曾提出冬三月（从立冬到大寒节气结束）的养生规律："冬三月，此谓闭藏，水冰地坼，无扰乎阳，早卧晚起，必待日光，使志若伏若匿，若有私意，若已有得，去寒就温，无泄皮肤，使气亟夺，此冬气之应，养藏之道也。逆之则伤肾，春为痿厥，奉生者少。"孙思邈的《孙真人摄养论》也记载："十月心肺气弱，肾气强盛，宜减辛苦以养肾。"从冬季开始，生命活动由盛转衰，由动转静。小雪时节，阴气处于优势，秉着"春夏养阳，秋冬养阴"的原则，应当注重阴之收藏。食养往往是最直接和简单的方法。中医推崇的莲藕煲鲤鱼（滋补气血、滋阴补肾）和猪脊肉粥（适用于阴虚、气虚）属于小雪养阴的良方。民间还有"小雪飘，羊肉俏"一说，在中国北方，人们常常会将吃涮羊肉作为冬令进补的开始。"冬天进补，开春打虎"更说明了小雪养阴的重要性及其强大的功效。

小雪的到来，虽然与下雪无必然联系，却又昭示着冬季降雪即将拉开大幕。因寒潮和强冷空气活动的频繁，小雪后的降水量逐渐增多，西北风开始成为常客，气温下降，天气阴冷，但又不至于太冷。不过进入农历十月，北方开始供暖，干燥的环境让人们很容易就会上火。因为心理上的"入冬"，人们穿得也很严实，这使得人体内的热气不易散发，加之天冷喜欢吃热量较高的食物，更助长了体内的火气。因此，小雪后在饮食上应选择多喝水和汤粥，可起到清火降气、滋补津液的作用。此外，小雪之后保证睡眠亦是"无扰乎阳"的最好方法，古人的"日出而作，日落而息"颇合此意。因为在中医看来，睡眠机制为"阴气盛则寐，阳气盛则寤"，人们理当顺应自然，跟着规律走。按照《黄帝内经》对于睡眠的研究，夜半子时前要上床入睡，因为彼时是一天中阴气最重的时候，阴主静，故可进入最佳睡眠状态。

莫笑农家腊酒浑：储

民间有冬腊风腌，蓄以御冬的习俗。古代的冬季，为了在漫长的寒冷天气中有足够的菜、肉食用，先人们发明了腌制、风干食物的方法，尽可能地延长它们的存储时间，以备过冬时食用。之所以这么做，是因为小雪后的气温下降，天气变得干燥，是风腌的好时候，这种食物对于储存的要求不高，只需挂在阴凉通风处就不会变质。农谚又有小雪不砍菜，必定有一害，此时的庄户人家便开始砍收地里的大白菜，精心盘扎入窖储藏，俗称"高老白"。如东南沿海的江浙一带，就有在小雪节气中腌菜的习俗，当地人称之为腌寒菜。清代扬州文人厉秀芳在《真州竹枝词》中记述过农家腌菜的情景，即小雪后，人家腌菜，曰"寒菜"。再如台湾渔民在小雪前后晒鱼干作为粮食储备，因为乌鱼群会在这一时节来到台湾海峡。过去受条件所限，冬天新鲜蔬菜很少且价格贵，因此农家习惯在小雪时节腌菜，冬天倚靠这些腌制品下饭。现如今，虽然物质生活极大丰富，但人们依然保留了旧时习俗，仍然腌腊肉、腌腊肠、腌菜等，聊以慰藉寒冷的冬日，静待来年的春日和风。

小雪时节，除了家家户户忙于腌腊习俗，酿酒也是此时节颇有代表性的活动。陆游笔下的"莫笑农家腊酒浑",描绘的农家腊酒虽不甚清澈,却散发着醇厚而温暖的气息。小雪时节酿酒的习俗遍布各地,各具特色。比如,在嘉兴平湖一带,人们习惯于农历十月上旬酿酒并储存起来,此酒因时令得名"十月白";山西临猗也有类似的习俗;湖州长兴一带在小雪后酿酒,称"小雪酒"。岁尾酿酒,不仅因为冬季气温低,能使酒在长时间的低温发酵中形成良好的风味,也因冬季和来年春季的祭祀、礼仪活动较多,此时酿酒能够满足祭祀神灵祖先和重大礼仪活动的需求。如《诗经·豳风·七月》有云:"八月剥枣,十月获稻。此为春酒,以介眉寿。"说的就是用十月打下的稻谷酿酒,春日里祈求健康长寿。

匝地惜琼瑶:滋

农业民俗是伴随中国古代农业经济生活产生的文化现象,是农民在长期的观察和农业活动中逐步形成的文化产物,其中占天相、测农事的习俗尤为突出。三代以上,人人皆知天文。"七月流火",农夫之辞也;"三星在户",妇人之语也;"月离于毕",戍卒之作也;"龙尾伏辰",儿童之谣也。对于从农耕文明走来的农人而言,小雪见雪必喜雪,他们将其视为"古之精",认为其是来年丰收的好兆头。部分地区还有过白雪节的传统,即在小雪节气下雪时举行庆祝活动,人们聚在一起载歌载舞,祈祷来年的丰收。之所以将"雪"视为"精",有三层意思:一是古人认为小雪落雪,预示着来年雨水均匀,无大旱涝;二是下雪可冻死一些病菌和害虫,减轻来年病虫害的发生;三是积雪有保暖作用,利于土壤的有机物分解，增强土壤肥力。农谚"小雪雪满天，来年必丰年"是千百年来农作经验的结晶，至今对指导农事、预示丰年仍有着重要的意义。

彰显中华优秀传统文化与思想精华的二十四节气对农业生产具有重要的制约作用。在各类岁时记、风土记、农家月令等性质的古籍和流传在全国各地的农谚中，记录了农民在一年内约定俗成的许多耕作、节令习俗。之于小雪这一节气，相关农谚也很多。江苏地区流传的，如，立冬下麦迟，小雪搞积肥；浙江地区的，如，立冬小雪北风寒，棉粮油料快收完，油菜定植麦续播，贮足饲料莫迟延；山东的，如，小雪收葱，不收就空；河南的，如，立冬小雪，抓紧冬耕，结合复播，增加收成，土地深翻，加厚土层，压砂换土，冻死害虫；等等。此外还有，诸如，立冬小雪天气寒，积肥修埂好种田。又如，小雪旧历十月中，水始冰，地始冻，积蓄粪土以备春耕。此类谚语流传颇广。

南方城市，如江西、湖南、湖北等地方会在小雪节气吃糍粑，以求来年丰产。糍粑用熟糯米饭制作而成，形状多为圆形，有大有小，象征着喜庆、团圆和丰收。有的地方还会把糍粑称为年糕，即"年糕年糕，年丰寿高"，同样是寓意吉祥如意。糍粑是客家地区最为流行的美食，最早的时候用来祭祀，所谓"十月朝，糍粑禄禄烧"就是此意。"禄禄烧"是非常形象的客家语言。"烧"的意思是热气腾腾，指吃糍粑要趁热；"禄"的意思是用筷子卷起糯米粉团，像车辘那样来回滚动，以便裹上芝麻、花生、砂糖。

吃糍粑除了求丰产，还有一说是为了纪念伍子胥。相传春秋战国时期，楚国伍子胥为报父仇投奔吴国，想从吴国借兵讨伐楚。他首先帮助吴王阖闾坐稳江山，成为吴国功臣，后又率兵攻打楚国为父报仇，这就是史上有名的"伍子胥掘墓鞭尸"。归来后，吴王命伍子胥修建著名的阖闾大城以防侵略。城建好后，吴王大喜，伍子胥却闷闷不乐，对身边人说："大王喜而忘忧，国家未来还会遭难。我死后，如国家有难，百姓受饥，在城下掘地三尺，可找到充饥食物。"等到夫差继位，伍子胥多次劝说他杀勾践，夫差非但不接受还听信谗言，最终令伍子胥自刎身亡。不久越国勾践乘机举兵伐吴，将吴国都城团团围住。当时刚过小雪，城内饥寒一片，国家和人民果然遭到危难。这时，身边人想起了伍子胥生前的嘱咐，便暗中拆城墙挖地，这才发现城基都是用熟糯米压制成的砖石。原来，伍子胥建城时，将大批糯米蒸熟压成砖块，放凉后做成城墙基石，为百姓在危难时备下了续命的粮食。后来，人们为了纪念伍子胥就有了在小雪时吃糍粑的习俗。

绣襦小雪 咏诗篇：吟

农人视雪为"精"，诗人待雪有"情"。轻盈飘逸、晶莹剔透、洁白无瑕的"古之精"总能令古代文人墨客产生无限想象，或吟诵赞美，或托物抒情。如戴叔伦的"花雪随风不厌看，更多还肯失林峦。愁人正在书窗下，一片飞来一片寒"（《小雪》）写出了小雪的清新之美，表达诗人对雪无尽的喜爱；元稹的"莫怪虹无影，如今小雪时。阴阳依上下，寒暑喜分离。满月光天汉，长风响树枝"（《咏廿四气诗·小雪十月中》）写出了小雪时节彩虹消失、夜晚清冷之景，夹杂着诗人的一丝惆怅；徐铉的"寂寥小雪闲中过，斑驳轻霜鬓上加。算得流年无奈处，莫将诗句祝苍华"（《和萧郎中小雪日作》）道出了光阴如梭、韶华易逝的无奈之感；陆游的"忽忽身如梦，迢迢日似年。会当乘小雪，夜上剡溪船"（《冬日二首·其一》）描绘了乘雪遨游的玄妙之境。

　　小雪时节一到，诗人盼雪更甚。在小雪之时，围炉品酒夜话，守窗赏雪吟诗，实乃风雅之事。恰如白居易名句："绿蚁新醅酒，红泥小火炉。晚来天欲雪，能饮一杯无？"（《问刘十九》）《红楼梦》第五十回《芦雪庵争联即景诗　暖香坞雅制春灯谜》也描写了宝玉、黛玉、宝钗等人于农历十月里头场雪时，在大观园芦雪庵饮酒赏雪吟诗的名场面，姑娘们绫罗绸缎，风姿绰约，雅兴十足，湘云甚至还打扮成了小伙子的模样。这是"海棠诗社"的繁荣盛会，更是《红楼梦》中最为热闹的情节之一。诗情画意时赏雪饮酒，是雅趣兴致所在。对于落魄英雄而言，雪和酒更多的是增添一种悲壮。《水浒传》第十回《林教头风雪山神庙　陆虞候火烧草料场》在开篇即写道："若非风雪沽村酒，定被焚烧化朽枯。"林冲发配至沧州后仍被暗算，幸亏一场大雪救了他的性命，得知真相的他怒杀三人，后"穿了白布衫，系了搭膊，把毡笠子带上，将葫芦里冷酒都吃尽了"。"冷酒都吃尽了"道尽心酸与绝望，从此林冲与朝廷决裂，火并王伦之后，落草梁山。

　　小雪未必有雪，但寒而不冷却成就了南北两种美：南方"刺梧犹绿槿花然"，北方"满城楼观玉阑干"。不管是十月小阳春的温暖，抑或是寂寥冬季的寒凉，这皆是大自然的恩赐。"一枝参透乾坤缊，生意都从小雪来"（宋·李龙高《十月梅》），梅花识破早春奥秘，生机意趣向来都是从小雪时节中开始走来。

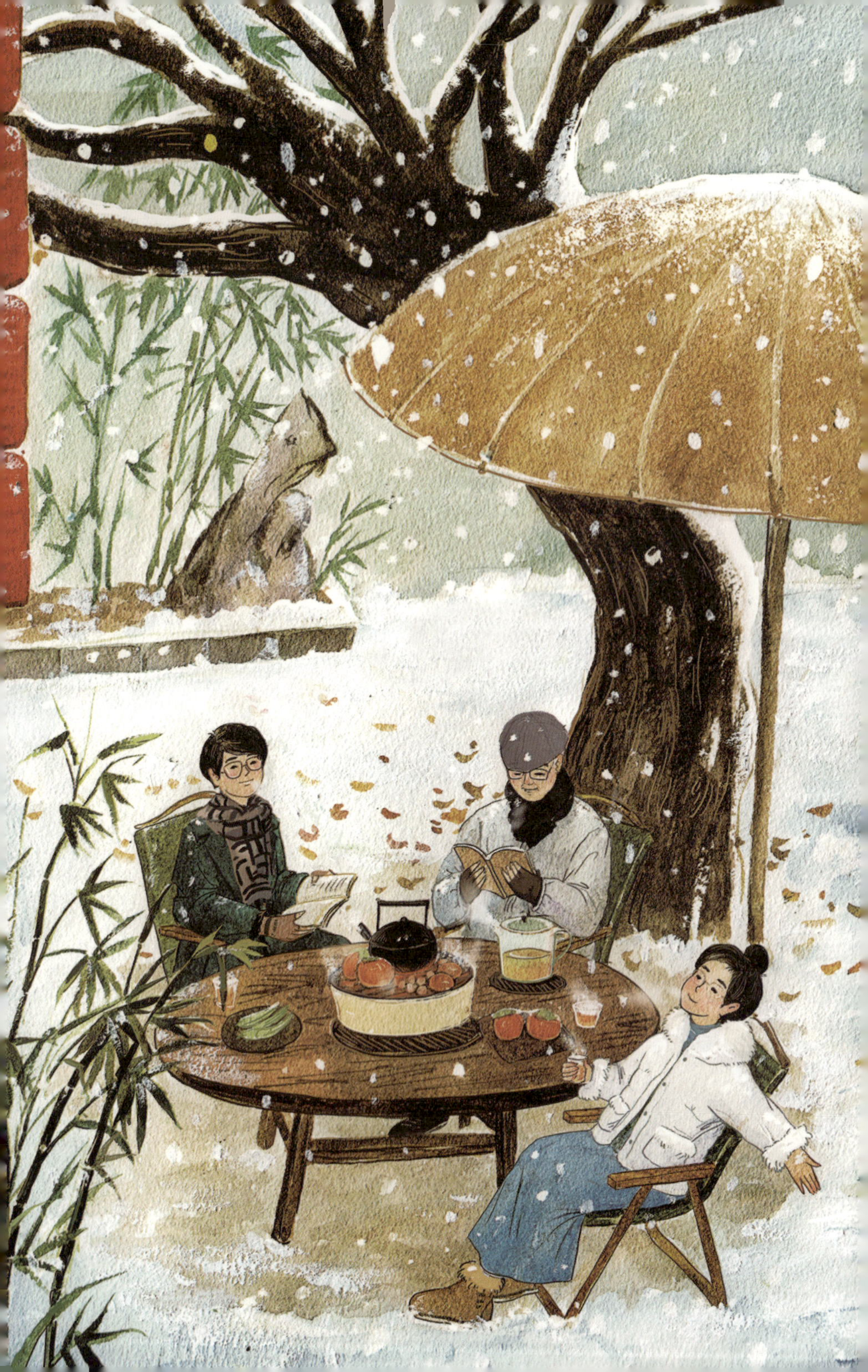

大雪

文_徐莺

当太阳到达黄经255°，大雪节气便到了，其交节时间在12月6、7或8日。

随着大雪节气的到来，天气愈发寒冷，"围炉煮茶"在当下文艺青年中变得时髦。翻看朋友圈，几波人的休闲方式近乎统一，地点不是林间树下，就是国风茶馆一隅。三五成群，架起小巧精致的炭炉，炉上搁一铁丝网盘，粗陶茶罐里滚着茶汤，边上烤着柿子、橘子、龙眼、年糕、红枣、花生等食物，赋予"围炉煮茶"这个情景岁月静好的松弛感。围着明火取暖，亲手烹煮茶汤，煨烤食物，在不紧不慢中享受着身心的安静与放松，这究竟是新晋网红，还是传统复古？

冬为四季之末，分孟冬月、仲冬月和季冬月，大雪至冬至为仲冬。《淮南子·时则训》说："冬为权，权者所以权万物也。权正而不失，万物乃藏。"权是秤砣，将冬比拟为调节轻重的秤砣，弱可以变强，轻可以为重，可见冬在古人的四季观念中的重要性。小雪后十五天，斗柄指壬为大雪。大雪为农历十一月的节气，干支亥月的结尾，子月的起始，又称"畅月"。朱熹注释："阳久屈而后伸，故云畅月。"此月，冰益壮，地始坼，一色云，千里雪。《逸周书·时训解》曰："大雪之日，鹖鸟不鸣。又五日，虎始交。又五日，荔挺生。"鹖鸟是寒号鸟，寒号鸟都不鸣叫的大雪之日应了柳宗元的一句诗："千山鸟飞绝，万径人踪灭。"但恰恰是这玄英之冬，天地之间气黑而清英，阴气最盛，盛极而转衰，阳气萌动，猛虎开始交配，兰草开始萌芽，故此为藏养之季。

大雪节气与雪相关。《月令七十二候集解》说："大者盛也。至此而雪盛也。"《韩诗外传》说："凡草木花多五出，雪花六出。雪花曰霙（yīng）。"《诗经》云："上天同云，雨雪雰雰。"大雪节气，北方寒地已是"冰厚三尺，地冻一丈""千里冰封，万里雪飘"，甚至因为寒冷而出现奇特的雾凇景观。南方虽然较少落雪，但云层阴积，气温越来越低。

烹雪煮茶塑雪狮

农耕时代，结冰封河，田野沉睡，劳作停息，人们开始一年中的休养生息。家家户户为过年作准备，藏冰、储雪、酿酒、腌肉、制饴糖等。宋元以前棉花的栽种在中国尚未普及，御寒的衣服以丝织品和葛麻为主。大雪之时，富贵人家会用炭盆、香炉、御寒球点上炭并熏上能御寒的香。相传汉武帝时，外国进贡辟（pì）寒香，室中焚之，虽大寒，必减衣。寒冷的冬夜古人用汤婆子取暖，黄庭坚有诗云："千金买脚婆，夜夜睡到明。"天气太冷，砚台里的墨也会冻上，皇帝要熬夜批奏章，宫里就用砚炉，将砚置于炉上，砚冰自消。《开元天宝遗事》记载，李白常为明皇撰诏诰，但天寒笔冻莫能书，皇帝敕宫嫔为其呵笔以示厚爱。

大雪封路，难以出行，人们在庭院中发明了各种玩乐方式。从宋代开始，古人玩起了堆雪狮。吴自牧在《梦粱录》中写道："豪贵之家如天降瑞雪，则开筵饮宴，塑雪狮装雪山，以会亲朋。浅斟低唱，倚玉偎香。"筵席之后便出门赏雪，"乘骑出湖边，看湖山雪景，瑶琳琼树，翠峰似玉"。周密在《武林旧事》中也写道："禁中赏雪，多御明远楼，后苑进大小雪狮儿，并以金铃彩缕为饰，且做雪花、雪灯、雪山之类，及滴酥为花及诸事件，并以金盆盛进，以供赏玩。"玩雪，吃点心，御膳房"造杂煎品味，如春盘饦饤、羊羔儿酒"。玩归玩，江山社稷也不会不顾，皇帝会在大雪之时发军费、济平民："内藏库支拨官券数百万，以犒诸军，及令临安府分给贫民，或皇后殿别自支犒。"皇帝犒济天下，权贵人家自然效仿，于是"各以钱米犒闾里之贫者"。

一场雪引发了禁中至民间的欢乐，这个传统一直延续到清代。

郎世宁的画作《弘历喜雪图》中，乾隆皇帝坐着烤火，炭盆中熏燃松枝，庭院中皇子们在塑雪狮子。嬉冰则是清代宫廷众多冰上活动的总称，包括滑冰、冰上蹴鞠、冰上射箭，是娱乐活动也是军事操练。《郎潜纪闻》中记录了清代宫廷打滑挞的游戏："禁中冬月，打滑挞。先汲水浇成冰山，高三四丈，莹滑无比。使勇健者带猪皮履，其滑更甚，从顶上一直挺立而下，以到地不仆者为胜。"此外清代还有了冰床，乡间河道通达，冬月乘冰床出行也是一件趣事。以木作床，下镶钢条，一人引绳，四人可坐，行冰如飞。拖冰床还有个雅称叫凌爬云。

文人则围炉煮茶、雪堂幽坐，藏养守静，宁身安形。唐人陆龟蒙在《茶具十咏·煮茶》中写道："闲来松间坐，看煮松上雪。时于浪花里，并下蓝英末。"陆龟蒙爱茶，曾在湖州有一片茶园，亲自种茶、制茶、品茶、评茶。诗中写他将松树上的雪放入壶中煮，雪水翻腾浪花的时候投入茶末一起烹。如此一位喝茶的行家，写下用雪水煮茶的经历，想必雪水与普通水相比是别有风味。也许是雪落于松上比较干净，也许是雪沁入了松香，也许是隐士心中的执念。宋代陆游《雪后煎茶》写道："雪液清甘涨井泉，自携茶灶就烹煎。"诗中"清甘"二字是对雪水的描绘。好茶需用好水，诗人于雪中烹雪煎茶，沫饽丰腴如雪，茶汤碧莹甘洌，抛却尘俗，只专注于茶，不枉此行。烹雪煮茶成为风雅的象征。《红楼梦》第四十一回，以妙玉用五年前采集的梅花上的落雪烹茶来表现她的出尘。但以雪水烹茶，并非故作风雅，而是源于古人对雪水的认知。《本草纲目》中认为雪有清热解毒的功效。明代屠隆在《茶笺》中将雪归为天泉，雪水甘甜，煮茶可以增加茶汤的香味。

古人体会的烹雪煮茶的乐趣，与近来社交平台上热门的围炉煮茶类似。林语堂在《生活的艺术》中说，有茶癖的中国文士主张烹茶须自己动手，真正的鉴赏家以亲自烹茶为一种殊乐。也许围炉煮茶在当下的走红，源于人们对返璞归真的向往。围炉毕竟不是烧烤，煮茶需待小火，茶食点心需慢慢煨热，这个过程很慢，但其中的乐趣是迅速拆开一包膨化零食，配一杯速溶奶茶所不能取代的。在慢慢地等待中感受松弛，偷得浮生半日闲，跳脱出平日里焦虑的生活状态。

骑驴踏雪寻梅枝

灞桥风雪出自一则典故。唐代诗人孟浩然辞官归隐，冒大雪骑驴寻梅。晚唐郑綮一句"诗思在灞桥风雪中驴背上"（孙光宪《北梦琐言》卷七），将孟浩然的风骨形象与灞桥风雪的审美内涵相连。灞桥原是离开长安的必经之路，古人在灞桥折柳送别，此地代表离别，加上"风雪"二字更添萧瑟与伤感，塑造出透彻肌骨的寒冷，在强化自然环境的凛冽中彰显士人孤独与决绝的姿态。风雪、蹇驴、寒士，灞桥上的失意踌躇、风雪中心无旁骛的低头沉思，贫穷且高贵成为士人的审美理想。此后，"灞桥风雪驴子背"成为诗人、画家笔下的经典题材。南宋宫廷画家夏圭、马远，明代沈周等人都曾绘有《灞桥风雪图》。文士骑驴踏雪展现了不媚权贵、不染纤尘、孤傲而坚韧的风度。

南宋刘松年的《四景山水图》表现的是西湖周边燕居文人的庭院生活，第四段冬景中黑色的松树与白色的雪景相映成趣，有玄冥充寒气象，却无悲凉之意。文士从家中出发，戴上风帽撑着伞骑上毛驴，由仆人牵着毛驴出行。庭院内格局雅致，书童掀起帘子一角只探出脑袋向外张望，既显示出天气的寒冷，又显示出书童对文士雪天出行的不解和担心。从前景中临水的屋子打开的窗户中露出的室内山水屏风看，显然画中文士可在大雪之日踏雪寻梅，其生活是安逸的。明末张岱在文集《夜航船》中提到了孟浩然踏雪寻梅的千古佳话，明清开始，踏雪寻梅成了表现高士的画题，高士常常拄杖前行，身后跟着一小童。清代李渔《闲情偶寄》中有一篇《冬季行乐之法》，文中讲冬天要获得精神的快乐，就要幻想自己是路上的行人，备受风雪之苦，然后回想在家中的温暖安逸，就能感到百倍的快乐。山水画的雪景图中，常常有人持破伞，策驴，独行古道中，经过悬崖，怪石嶙峋，人有颠蹶之态。这类画适合在冬日悬挂中堂，主人看着这些画，就是御风障雪的屏障、暖胃和中的药物。因为乐极忘忧，乐自渐减，但将苦境从头想起，乐将渐增而不减。李渔的冬日行乐之法似乎有忆苦思甜的意思，也是我们如今常说的反差感。

在物质生活丰富的当下，不少年轻人开始向往诗和远方，远离市井去获得身心的自由。因为有了网络，工作不再局限于一处，离开繁华的都市去偏远的小城安家，或者去山中改造祖辈留下的老房子，过着日出而作、日落而息的生活，并将自己的生活状态发布在自媒体上。这样的生活，与快节奏的都市生活，形成鲜明的反差，"采菊东篱下，悠然见南山"的隐居类视频在自媒体走火，这背后是大众心中对归隐生活的向往。同样是图像艺术品，如果把短视频比作古时候的画卷，现代人躺在沙发上刷隐居类的短视频，与古人将雪景山水画挂在堂间欣赏获得的精神快乐是一致的。

作客雪堂观雪画

大雪节气宜赏雪。雪景是历代文人最为钟爱的题材之一,是山水画"冬题"的重要内容。《宣和画谱》中载唐代王维是雪景画的开创者,南唐董源、卫贤,北宋李成、范宽、许道宁、郭熙,南宋李唐、夏圭等都有不少雪景作品,而五代北宋则是画史上雪景主题最兴盛的时期。

北宋元丰五年(1082),苏轼被贬黄州的第三年,在友人的帮助下得到了城东一块闲置的旧地,于是他开垦荒地,种植蔬果,盖了五间草房并取名"东坡雪堂"。天下第三行书的《寒食帖》卷首有"雪堂余韵"四字,"雪堂"就是那五间屋子。而之所以得名"雪堂",正是因为屋中挂满了雪景画。经历宦海沉浮,回归田园生活,苏轼感悟陶渊明是了悟人生真谛的清醒者,是他跨越时空的知音。苏轼在雪堂写下"梦中了了醉中醒。只渊明,是前生。走遍人间,依旧却躬耕"。之后,友人过黄州便会来访,雪堂成为苏轼著书交友的场所。三月米芾来访,两人交流书画,五月作《怪石供》赠予佛印禅师,十月作《后赤壁赋》,次年三月僧友参寥千里迢迢从杭州来访,寄居雪堂,此外道师崔成老,黄州府官员徐君猷、杨君采等都常作客雪堂。《雪堂记》中写苏轼在屋内挂满了雪景画,是为了求静。苏轼流放期间面对现实生活的时候难免窘迫,于是创作诗文书画,与山樵渔叟为友,与僧人焚香喝茶,"作雪堂观雪画"也许是他在禅境中营造困顿中的浪漫,以此安抚受创的身心。南宋夏圭画有《雪堂客话》图,画中枯树积雪,远山萧瑟,有一舟横于江面,渔夫寒江独钓。江边草堂轩窗洞开,苏东坡与另一好友戴着风帽对坐闲谈,谈笑间,身心自安。

其实苏轼建雪堂并在四壁挂满雪景图并不是一个偶然现象，体现的是士人精神生活的需求。宋人挂山水画与现代人不同，现代人挂画多是为了装饰，宋人挂满壁的画是为了营造观想的气氛，营造身临其境的视觉体验。对于没有受过太多图像冲击的古人而言，这种视觉震撼，相当于当下我们进入一个沉浸式全息投影的空间。雪景最能体现静境，苏轼用观想雪景的方式修身，求静以平息内心的欲念，无论是对官场沉浮的恐惧，还是对自己名声的荣辱。苏轼刻意绘雪图于四壁，因为他明白入堂看雪与登台观春一样，"以雪观春，则雪为静。以台观堂，则堂为静。静则得，动则失"。

"借地留白"是北宋雪景山水画中的主要方法。邓椿《画继》记载李成雪景的脱俗："山水画家雪景多俗。尝见营丘所作雪图，峰峦林屋皆以淡墨为之，而水天空处，全无粉填，亦一奇也。"清人唐岱《绘事发微·雪景》中写道："凡画雪景，以寂寞暗淡为主，有玄冥充寒气象。雪图之作无别诀，在能分黑白中之妙，万壑千岩，如白玉合成，令人心胆澄彻。"五代雪景还用"弹粉"技法（用毛笔蘸白颜料在画面上弹洒出细小白点以表现飞雪），如《江行初雪图》。到了北宋，雪景图则多以留白和晕染来表现雪后的景色。画家明确地追求雪景中的幽玄与寂静。北宋范宽的《雪景寒林图》尺幅巨大，全景式的构图，让人立在画前仿佛能一脚踏入雪景。画面寂静如夜，雪山气息庄严，站在画前，寒气扑面而来，观者如进入画中感受天地苍茫，只觉人之渺小，恭敬之心油然而生。

古画雪景图中除了有天理世界也有人间温情。雪景绘画小品中有一个有趣的主题：雪江卖鱼。如故宫博物院藏《雪江卖鱼图》、上海博物馆藏《雪溪卖鱼图》、美国大都会博物馆藏《雪桥买鱼图》等。故宫博物院藏的《雪江卖鱼图》作者是南宋的李东。李东生活在宋理宗时期的杭州，卖画为生。此小品中有明确的近景、中景和远景。远景是白雪皑皑的群山，中景临江有一个水榭，戴着风帽的文士坐在露台上，伸手接过披着蓑笠的渔翁递过来的一条鱼。大雪纷飞的寒冬，文士隐居于远离城市的山野江村，显然物质生活并不丰富。鱼在古人的食谱中占有重要地位，它十分鲜美，虽好吃但也不是常常能吃到。雪天，渔翁手里的这条鱼，显然是文士隐居生活的调味剂。而渔翁显然也知道文士的爱好，于是钓到了鱼便主动划船送去。也许渔翁卖了鱼，就会去换壶酒，来换得寒冬里的一份温暖。卖鱼买鱼的一来一往，透露着人间的温情。其实真正的隐士藏在普通人的外表之下，在中国传统文化中渔父是隐士的象征，这样，我们在《雪江卖鱼图》中便见证了两种隐士的会面。鱼在大雪天将他们联系起来，鱼不是商品，而是共同理想的精神寄托。

冬至

冬至

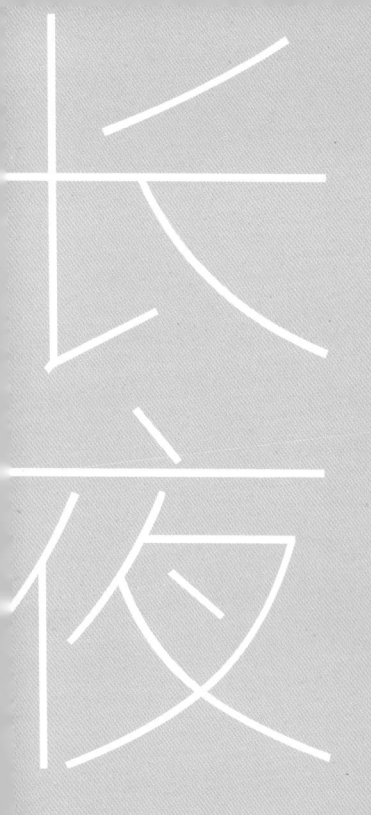

长夜无尽

文_徐小棠

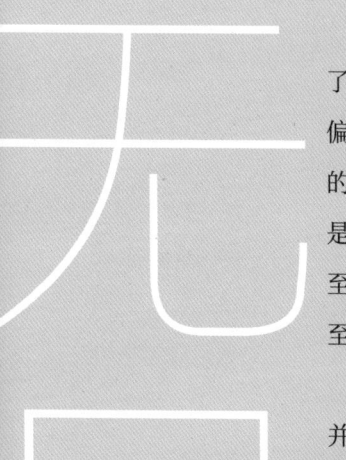

如果把冬至视为主谓结构，解释成"冬天来了""凛冬将至"，那就错了。"冬至"一词在此是偏正结构，"冬"是定语，是用来修饰和限制"至"的，"至"在这里的意思是"至极"。"冬至"指的是"冬天的至极"（"夏至"的语法结构亦然）。冬至在每年公历12月21日、22日或23日交节。到了冬至便意味着，最冷的时候快到了。

冬至是北半球白昼时间最短、黑夜最长的一天，并且越往北白昼越短，北极会出现极夜现象。此时太阳运行至黄经270°，太阳直射南回归线。在冬至日之后，随着太阳向北移动，白天就一天天逐渐变长了。《通纬·孝经援神契》中也描述过："阴极而阳始至，日南至，渐长至也。"

冬至的三个物候分别是：一候蚯蚓结，二候麋鹿解，三候水泉动。冬至时，蚯蚓仍然蜷缩着身体，麋鹿的角则开始脱落（春天会再生），山中的泉水可以流动。

民间有从冬至起数九个九天（即81天）的风俗。数九的习俗在南北朝时期已经流行。现在，民间仍流传的《九九歌》生动描述了这81天的物候规律："一九二九不出手；三九四九冰上走；五九六九沿河看柳；七九河开；八九燕来；九九加一九，耕牛遍地走。"有人认为，从气象角度来看，大致每九天就会出现一股寒潮，而且往往发生在前一个九天的最后一两天。

冬至大如年

古人一向很看重冬至节气，有"冬至大如年"的说法，且有庆贺冬至的习俗。南宋吴地的肥冬瘦年，即宁愿过春节时节俭，也要在冬至多所馈遗。民间用各种食物互赠，叫作"冬至盘"，并互相庆贺，称"拜冬"。早在周朝，先民们便把冬至视为一年之岁首，即春节；汉代，冬至被列为冬节，朝廷、官府一律放假休息；唐代之后的历朝，把冬至与岁首并重，文武百官放假七天。

《汉书》中说："冬至阳气起，君道长，故贺。"人们认为过了冬至，白昼一天比一天长，阳气回升，是一个节气循环的开始，也是吉日，应该庆贺。《晋书》上记载："魏晋则冬至日受方国及百僚称贺……其仪亚于献岁之旦。"可见其对冬至的重视。

因此，中国素有冬至祭天的古老习俗，源头可追溯到五六千年前的大汶口文化和良渚文化时期。根据考古发掘，良渚遗址中就已有高大的祭坛，在其祭祀仪式中要燃起大火，这又和后世祭天仪式燔（fán）柴相似。燔柴，便是将玉帛、牺牲等置于积柴上焚烧的祭天仪式。想必后来经过不断发展，形成了完整的祭仪。按史籍记述，周代祭天礼是建祭坛，燃起大火，唱歌跳舞，献上玉帛牛羊等祭品，祈祷一番，再把祭品烧掉，这对后世影响巨大。《东京梦华录》《武林旧事》等书详细记载了北宋、南宋时的祭天礼仪，如《东京梦华录》卷十记载，北宋皇帝在冬至前三日便开始准备，先赴太庙青城斋宿，至冬至前夜三更时分，驾出南郊，前往郊坛行礼。届时，皇帝换上庄重的祭服：头戴二十四旒的平天冠，身穿青衮龙服，佩纯玉之佩。郊坛高三层，台阶七十二级，坛面方圆三丈有余。祭坛上设有"昊天上帝""太祖皇帝"的牌位。乐曲奏响,先跳文舞再跳武舞。皇帝登坛行礼后,里里外外参与祭祀大典的几十万人,随着掌礼官高喊"赞一拜!"口令,齐齐下拜,场面想来甚是浩大。祭祀大典至此结束。

民间有冬至吃饺子的风俗,寓意团团圆圆、圆圆满满。清人金孟远《吴门新竹枝》云:"冬阳酒味色香甜,团圆围炉炙小鲜。今夜泥郎须一醉,笑言冬至大如年。"每年冬至这天,饺子是必不可少的,所谓"冬至到,家家户户吃水饺"。这种习俗,据说是因纪念医圣张仲景冬至舍药留下的。冬至吃饺子,是不忘医圣张仲景"祛寒娇耳汤"之恩。至今他的老家河南南阳仍有"冬至不端饺子碗,冻掉耳朵没人管"的民谣,老北京亦有"冬至馄饨夏至面"的说法。

陆游在《辛酉冬至》中曾写道:"今日日南至,吾门方寂然。家贫轻过节,身老怯增年。毕祭皆扶拜,分盘独早眠。惟应探春梦,已绕镜湖边。"因人们将冬至视同过年,视其为岁月更替、年岁增长的象征,所以陆游在这里说害怕增年。在闽台传统民俗中,冬至更被视为全家人团聚的节日,这时,外出的人要回家共度冬至,祭拜祖先,方觉年终得以圆满。

雅集消寒会

冬至最有趣的莫过于入九以后,文人、士大夫轮流做东,相约雅集,共消寒气。

消寒会又名"暖冬会",始于唐朝,与冬至这个节气密切相关。据五代王仁裕撰《开元天宝遗事·扫雪迎宾》所记,唐朝时,长安有一位巨富叫王元宝,冬天下大雪的时候,他命仆人将坊巷的积雪打扫干净,自己亲自站到巷口迎接宾客，大摆宴席，饮酒作乐，称"暖寒之会"。

自冬至这一天开始"进九"，文人雅士每九日（如九、十八、二十七）都会举行规模不等的雅聚，轮流做东，相约九人饮酒（酒与九谐音），席上用九碟九碗，成桌者用"花九件"席，以取九九消寒之意。围炉吟诗作画，或雪窗对酌，以为娱乐。潘宗鼎编纂的《金陵岁时记》说："吾乡当冬至后，九人相约宴饮，自头九至九九，各主东道一次，名曰消寒会。"文人墨客饮酒之余，兼及韵事。《消寒会集》有句云："有酒但谋金谷醉，无钱不顾铜山摧。"

清朝时，消寒会在北京一度盛行。嘉庆、道光年间，以翰林院官员为主的文人在冬至日后，组织同人进行联谊活动，以雅集为主，兼论古今。如嘉庆九年（1804），翰林院庶吉士陶澍（shù）发起成立消寒诗社，主要成员有陶澍、林则徐、顾莼、夏修恕、程恩泽、朱珔、吴椿、梁章钜、潘曾沂等，因集会地点在宣武门外宣南地区，又称宣南诗社、宣南诗会、城南吟社等。清佚名《燕京杂记》说："冬月，士大夫约同人围炉饮酒，迭为宾主，谓之'消寒'。好事者联以九人，定以九日，取九九消寒之义。余寓都，冬月亦结同志十余人饮酒赋诗，继以射，继以书画，于十余人，事亦韵矣。主人备纸数十帧，预日约至某所，至期各携笔砚，或山水，或花卉，或翎毛，或草虫，随意所适。其画即署主人款。写毕张于四壁，群饮以赏之。"方浚颐《梦园丛说》也描述道："又有花局，四时送花，以供王公贵人之玩赏。冬则唐花尤盛。每当毡帘窣地，兽炭炽炉，暖室如春，浓香四溢，招三五良朋，作'消寒会'。煮卫河银鱼，烧膳房鹿尾，佐以涌金楼之佳酿，南烹北炙，杂然前陈，战拇飞花，觥筹交错，致足乐也。"近代学者夏仁虎在《岁华忆语》中则追忆道:"金陵文人,率有消寒会。会凡九人,九日一集,迭为宾主。馔无珍馐,但取家常,而各斗新奇,不为同样。岁晚务闲,把酒论文,分题赌韵,盖谦集之近雅者。"

《红楼梦》第九十二回宝玉曾说:"必是老太太忘了,明儿不是十一月初一日么?年年老太太那里必是个老规矩,要'消寒会',齐打伙儿坐下,喝酒说笑。"这说明除了文人雅士,消寒会亦是旧时贵族豪富冬至起消闲取乐的流行集会。

再后,消寒活动更是进入寻常百姓家。冬至交九之后,老北京的百姓为了度过漫长而寒冷的冬季,有贴绘九九消寒图的习俗。九九消寒图一般有三种图式,分别为梅花、文字和圆圈。具体采用哪种形式,由主人的爱好和文化素质而定。据说,梅花图式为文天祥所创。文天祥抗元失败被俘,被投进大都(现北京)牢房关押。他孤身独处狱中,心情郁愤,为了度过漫长的严冬,又表达自己坚贞不屈的意志,于冬至这天在墙上画了一株凌霜盛开的腊梅,上有九朵梅花,每朵九叶花瓣,每天涂抹一瓣,待严冬过去,红梅满枝春意盎然。元末诗人杨允孚有诗曰:"试数窗间九九图,余寒消尽暖回初。梅花点遍无余白,看到今朝是杏株。"其自注云:"冬至后,贴梅花一枝于窗间,佳人晓妆,日以胭脂日图一圈,八十一圈既足,变作杏花,即暖回矣。"明人刘侗、于奕正在《帝京景物略》中记载:"冬至时,画素梅一枝,为瓣八十有一,日染一瓣尽而九九出,则春深矣。"画一枝素梅,九朵梅花,每朵九瓣,九九八十一瓣。每天染红一瓣,素梅就变成红梅。等到八十一片花瓣全部染成殷红之时,窗外便是春林盛密、春水漫生、春风十里、春草青青的世界了。这每一瓣染红的梅花,都代表着春天离我们更近了一步。春天就在这瓣瓣盛开的红梅中，悄然重回人间。

文字图式是选择九个字，每个字都是九画，先双钩成幅，像练习书法的描红一样，从头九第一天开始填写，每日填一画，时光流转，笔墨生香，九字填完寒冬过去，春回大地。民谚说："图中点得墨黑黑，门外已是草茵茵。"清朝吴振棫的《养吉斋丛录》记载："道光初年，御制九九消寒图，用'亭前垂（垂）柳珍重待春風（风）'九字。字皆九笔也。懋勤殿双钩成幅，题曰'管城春满'。内值翰林诸臣，按日填廓，细注阴晴风雪。"还有"九九消寒联"，上下联各九个字，每字都是九画，从冬至日起，每日在上下联各填一笔，全联填完，则严冬已去，春暖花开。如"春泉垂（垂）春柳春染春美，秋院挂秋柿秋送秋香"。

圆圈图式则以铜钱为代表。画铜钱是先画纵横九栏格子，然后在每个格子里画九个铜钱，铜钱共计八十一钱，每天涂一钱。民谣说："上涂阴下涂晴，左风右雨雪当中。九九八一全点尽，春回大地草青青。"铜钱消寒图不仅是人们熬过漫漫冬季的有趣游戏，而且还是科学记录"入九"以后天气变化的"日历"，将数九所反映的暖长寒消的情况具体化、形象化。填充消寒图所用颜色也可以根据当天的天气决定，晴则为红，阴则为蓝，雨则为绿，风则为黄，落雪填白。这些习俗表达了古人期盼春回大地的殷切心情。

梅尧臣《冬至感怀》中说："衔泣想慈颜，感物哀不平。自古九泉死，靡随新阳生。禀命异草木，彼将羡勾萌。人实嗣其世，一衰复一荣。"冬至，就是这样一个极致寒冷却又酝酿着温暖、跌宕着衰荣的节气与节点。而不论文人雅士、贵族富豪，抑或寻常百姓，每个人都在用自己的精神游戏和文化方式来抵御着气候上的寒冷，将"至寒"变"暖冬"，静候冬尽春来——这未尝不是一种近乎诗意的内心强大。

气始于冬至

冬至还是养生修心的大好时机。"气始于冬至"，生命活动将在冬至后开始由衰转盛，由静转动。而冬至是为健康储蓄的最好季节。冬季闭藏，万物休整，神志深藏于内。人在此时需要顺应时令，把心神多留给自己，遵循"冬藏"的蛰伏之道，做到多储蓄、少透支，方能修复精力、健康有神。

可以说，冬至也许是个十分寂寞的季节，然而人有时是需要甘于寂寞的，让太多的碎片信息、内耗和身外之物在这个节气里做做减法，既不完全掏空心力，也不完全松垮，用自我收藏的状态塑造出更好的生命质量。现在许多人即使累了还想看手机，在本该收摄的时候强行外开，动用了身体的宝贵资源，比如肾精。久而久之，皮肤、头发、嘴唇的颜色，皮肉的充盈度……都会有枯竭感，就是中医里说的"阴虚"。多数动物会冬眠，人不能在冬日里完全躺平，但可以为自己放慢步调，节省心力，笃定来年还有很大的周转和发展空间。

因此，从冬至起更需要少熬夜、少焦虑、少耗散，多休养、多进补、多开心，避凉保暖，均衡饮食，适量运动——充分抚慰和照料好自己的深层心神，以更充沛的状态迎接春天。要知道美和健康从来不会突然发生，它们是在岁岁年年和一个又一个节气中延续而来的。

曾经一位名医说过："人终将自我身心合进于天地规律内参悟，洞见之后，再生远见，是悲观者应具有的乐观，是一个人该有的远见。"我想天地万物与节气的运变的确为人们提供了一条可供参考的路径。当然，人各有志，可选可不选，可信可不信，但在规律的呈现上，它们是真实不虚的。而安身立命即是人间道，即使在快时代，我们也要允许自己有一些慢下来的耐力和决心。

杜甫《小至》诗云："天时人事日相催，冬至阳生春又来。刺绣五纹添弱线，吹葭六琯动浮灰。岸容待腊将舒柳，山意冲寒欲放梅。云物不殊乡国异，教儿且覆掌中杯。"河边的柳树终将泛绿，山上的梅花正凌寒欲放，最寒冷的冬至恰是滋养和孕育斑斓春日的温床。

别怕冬至慢又慢，守一分清净，便得一分安定，当下就是地久天长。而人也是自然的一部分，总有冬去春来。

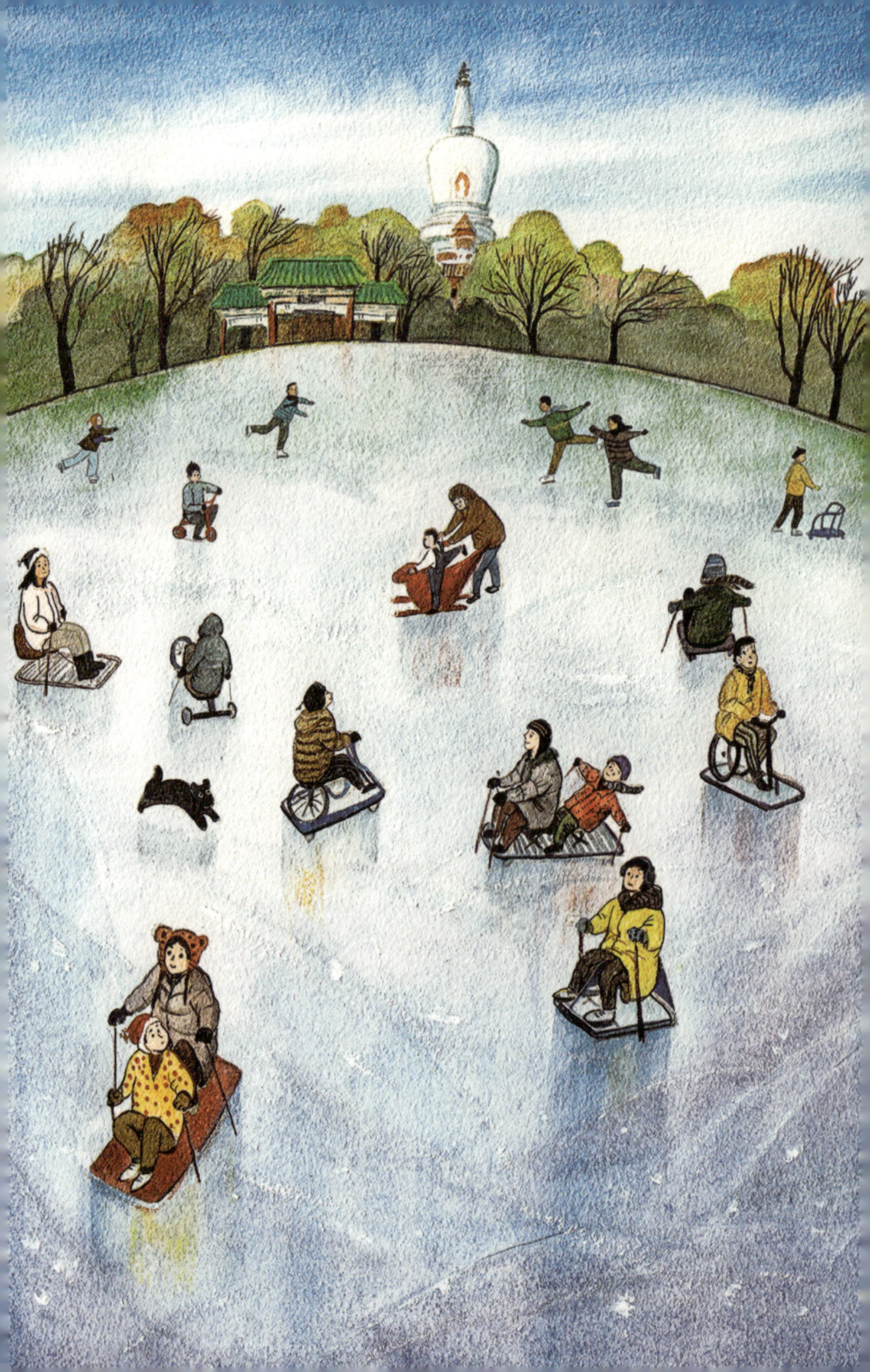

小寒

大雁北归

文_吴心怡

小寒是一年之中倒数第二个节气,在每年公历1月5日、6日或7日交节,此时太阳到达黄经285°。字面上看,小寒、大寒,与小暑、大暑相对,是因这时天气寒冷而得名的。然而正是这天寒地冻的时候,阳气已经有所显露。《易乾凿度》中说:"天气三微而成著,三著而成体。"郑玄对此举例说:"冬至阳始生,积十五日至小寒为一著,至大寒为二著,至立春为三著,凡四十五日而成一节。"(清·惠栋《周易述》)上古时候对于小寒的物候的观察,特别关注那些能够代表阳气增长的物候。

生机勃勃的小寒

根据《逸周书·时训解》与《礼记·月令》的记载，小寒有三个物候：一候雁北乡，意为小寒开始的第一日到第五日，大雁开始向北方飞去。一般认为"乡"即是"向"，"北乡"即"北向"之意。古人认为雁的家乡在北方，事实上大雁的产卵地确实在北方。小寒时节多与腊月重叠，腊月之后便是新年，游子多有返乡的愿望，看到大雁在小寒时节的迁徙，便认为是在回归返乡。

在音书不通的年代，北往的大雁往往寄托着羁旅者的情思。传为才女蔡文姬沦落匈奴时期所作的《胡笳十八拍》中就说："雁南征兮欲寄边声，雁北归兮为得汉音。"向南称"征"，向北称"归"。南飞的大雁捎去她思念故乡的琴曲，一得到汉地的消息，便北归回家，将故土的消息带回给她。北宋的学者刘攽在小寒这天写诗给济州的朋友："小寒渐有北归雁，话与飞翰同一过。"（《寄王济州》）仿佛这诗是雁捎去的一般。

二候鹊始巢，鹊开始修筑鸟巢，为繁衍做准备。说到鹊始巢，就不得不说到《诗经·召南·鹊巢》中"维鹊有巢，维鸠居之。之子于归，百两御之"的诗句。鹊有它的巢，而鸤鸠（大杜鹃，一名布谷鸟）居住在其中。作为一种寄生性鸟类，鸤鸠会将卵产在身形比自己小的鸟类的巢穴中，"鸠占鹊巢"这个成语就出自此。杜甫的《杜鹃》说这种鸟"生子百鸟巢，百鸟不敢嗔。仍为喂其子，礼若奉至尊"，有讽喻的意思在其中。但是，《诗经》时代的诗人并不将这当成一种罪恶的行为来认识，而是用这一现象引出一个热闹非凡的贵族女子出嫁的场景。《齐诗》对此的解释是："鹊以复至之月始作室家，鸤鸠因成事，天性如此也。"两种鸟的天性如此。鸤鸠来到了鹊的家里，鸠这种鸟和所居巢穴中的鹊样子不同，却生活在同一个家庭里，在上古诗人眼中，这种情形便如同两个家庭通过嫁娶组合为一个新家庭，开启一段新的生活，是婚姻的象征，富有喜气。两首古诗所咏虽为自然界中的同一个动物现象，却可以用来比附两种完全不同的人类行为，呈现完全不同的情感色彩。

三候雉始雊，雉是野鸡，雊意为鸣叫，指野鸡在这一时期开始鸣叫求偶。王维《渭川田家》中的"雉雊麦苗秀"，写的是初夏时节，麦苗秀穗，雉鸟在麦田里鸣叫。小寒时节不似初夏，天寒地冻，雉鸟的鸣声显得更有生机。在中国古代的天人感应思想中，雉雊也被认为具有某种灵性。《逸周书》说，"雉不始雊，国大水"，如果小寒时节第十一至十五天，野鸡没有开始鸣叫，那么国内会有洪灾。雉雊还讲究场合。《尚书》中的《高宗肜日》《高宗之训》两篇就记载了在武丁时期的某次祭祀中，一只雉鸟站在鼎耳上鸣叫的事。雉鸟突然出现在祭祀场合，还停留在尊贵的礼器上，这被认为是不祥的征兆。在武丁即位以前，从仲丁到盘庚迁殷这段时期，商朝经历了"九世之乱"，王族不断争夺王位，原有的继承制度遭到很大的破坏，所以武丁在祭祀中听到雉雊，深感不安。祖己见状，趁机向武丁进谏："雉者野鸟也，不当升鼎。今升鼎者，欲为用也。远方将有来朝者乎？"祖己将雉升鼎而雊解释为远国即将来朝，开解武丁，激励武丁反省自身，师法古代贤王，果然在三年后形成了"肇域彼四海，四海来假，来假祁祁"（《诗经·商颂·玄鸟》）的中兴局面。虽说武丁将天人感应之说转化为奋发图强的内驱力，但这种迷信思想仍是不足取的。

雁北乡、鹊始巢、雉始雊这三个生机勃勃的物候，与临卦相对应。临卦本身以泽上有地为形象，意谓大吉大利。易学中有卦气之说，就是从六十四卦中选取了代表性的十二卦，十二卦各有六爻，恰好可以对应七十二候。根据《卦气七十二候图》，在小寒以前，大雪到冬至的这段时间对应着复卦，一个阳爻上有五阴爻，意味着一阳来复，虽然近乎极阴，但有一缕阳气正在从下生长。而小寒到大寒这段时间对应临卦，上有四阴爻，下有二阳爻，与复卦对比，阳气更进一步增长。临卦接下来就是泰卦，也就是我们通常所说的三阳开泰，预示着春的到来。

梅花先趁小寒开

小寒时节，鸟类返乡的返乡，求偶的求偶，喜气洋洋。而在植物界，则悄悄吹起了"花信风"。

小寒时节的花信，"一候梅花，二候山茶，三候水仙"，其中最重要的是梅花。"梅花先趁小寒开"，这是南宋女诗人朱淑真的诗句。古今关于花信的说法，大多将梅花置于首位。其实养花的人都知道，开花的时机，与植物生长的环境、栽种手法和当年气候都关系密切，梅花实际开放的时间，未必就早于山茶、水仙。但特意以梅花为首，想来是由于梅花在花卉中品格极高，深受文人雅士喜爱的缘故。

古今爱梅诗人，以陆游为最。"闻道梅花坼晓风，雪堆遍满四山中。何方可化身千亿，一树梅花一放翁。"（《梅花绝句》）陆放翁一生爱梅成痴，一生所作诗篇中，寻梅、赏梅、惜梅之作众多，大有与梅花互为知己之意，自称"吾生也似梅花淡，燕未归来蝶不知"。他有一首《游前山》诗："兀兀无欢意，闲游未拟回。屐声惊雉起,风信报梅开。山雪堆僧衲,溪流动蛰雷。平生一桐帽,自惜犯尘埃。"兀兀不乐,杖藜闲游至前山,不想折返。踏踏的木屐声,惊扰了山中栖息的雉鸡,不时鸣叫飞起。而簌簌的花信风,带着沁人心脾的幽香,送来了山中梅花绽放的消息。彼时陆游孤寂的心灵,必定是被如期绽放的梅花抚慰了吧。

若是没有梅花,小寒时节也还可以赏雪。文人赏雪,则不得不作诗。只作诗,似又太容易,于是又发展出种种高难玩法。其中就有所谓"禁体诗",始于宋代欧阳修《雪》诗自注,事迹又见于苏东坡《聚星堂雪》小序,当时欧阳修在颍州,出了一个咏雪题目,"禁体物语",也就是说禁止出现那些常见的用来比附雪之样态的字眼,那就是"玉、月、梨、梅、练、絮、白、舞"等字。苏东坡评价欧阳公留下的《雪》诗:"于艰难中特出奇丽,尔来四十余年莫有继者。"而又因为苏东坡的拟作中有句云"白战不许持寸铁",禁体又得名"白战体"。大约三百年后,一个小寒的前夕,元末明初的学者陶宗仪也写了一首咏雪的"禁体诗",题为《十一月廿七日雪赋禁体诗一首》:"九冥裁剪密还稀,驴背旗亭索酒时。剡水怀人乘逸兴,梁园授简骋妍词。小寒纪节欣相遇,瑞兆占年定可期。莫塑狮儿供一笑,扫来煮茗快幽思。"终究还是写得很平常,幸好这雪下得巧,恰逢小寒时节,使他凑出两句对仗的吉祥话来。

谷粟为粥和豆煮

小寒是二十四节气中的十二月节,十二月又称为腊月。不像清明的青团、夏至的面、冬至的饺子,小寒似乎少有特别规定必须要在这一天吃的食物。

传说南京地区有在小寒时吃菜饭的习俗,广东一些地区会吃糯米饭,但起源已很难考证。小寒节俗在今天不是特别突出,这可能是因为古时候在小寒前后经常会遇到两个异常隆重有仪式感的节日,就是腊祭与腊八节。

上古时代,每到十二月就会举行重大的祭祀,这就是腊祭。腊祭与夏伏日的伏祭是一年中最重要的两祭,合称"伏腊"。

腊祭,"夏曰嘉平,殷曰清祀,周曰大蜡,汉曰腊",虽然命名不同,性质是相同的,都是用这一年富饶的收获去报答祖先与众多神明,"合聚万物而索飨之也"(《礼记·郊特牲》)。"腊"的本义是干肉,趁天气寒冷干燥时,可以方便地将牲畜的肉类腊制,保存下来。另一种说法见于《风俗通》,称"腊"与"猎"相通,可能与田猎文化有关,那么在祭祀中会使用肉类,也是可以想象的了。除了需要准备用作牺牲的肉类,另一个不可缺少的是酒。北齐的魏收有一首《腊节》诗:"凝寒迫清祀,有酒宴嘉平。宿心何所道,藉此慰中情。"酒在祭祀中本来就是非常重要的角色,而在诗人眼中,到了这个寒冷的时候,酒不仅是用来在仪式中表达个人对祖先神明的诚意,更是一种可以温暖脾胃、振奋精神的安慰品。

根据《说文解字》,在汉代,腊祭通常在冬至后的第三个戌日举行。但如果冬至这天就是戌日,那么就在冬至后第二个戌日举行。因此具体的日期是浮动的。虽然《礼记·郊特牲》有"天子大蜡八"的写法,但这时还不是后世的腊八节。根据郑玄为《礼记·郊特牲》的注解,"天子大蜡八"意为在周天子的腊祭上祭祀的神有八种,既包括神农后稷,也包括祛除害兽的猫虎神和掌管虫害的昆虫神,都与农事有关,也会祭祀包括灶神在内的家神。傩祭也是汉代腊祭仪式的一部分，舞者会佩戴傩面，以舞蹈仪式扮演传说角色，借此驱邪。据《后汉书·礼仪志》载："先腊一日，大傩，谓之逐疫。"冬季抵抗力低下，容易出现流行疾病，古人在医药方面还不够昌明的前提下，寄希望于这样的古老仪式活动，希望借助超越的力量保佑健康。今天，傩面与傩舞已经成了具有独特之美的文化遗产。

到了南北朝，在《荆楚岁时记》的记载中，腊祭的日期发生了改变，变成了"十二月初八日为腊日"，日期与后世的腊八节就变成了同一天。腊日最主要的活动变成了"村人并系细腰鼓，戴胡公头，作金刚力士以逐疫，沐浴转除罪障"。从"金刚力士"一词中，似乎已经可以看出佛教流行中国的影响。并且在仪式上更加重视傩祭的部分，可能由于南朝随着人口南北迁徙，出现了较多的流行病，平均寿命不永，因此尤其重视健康。"其日，并以豚酒祭灶神"，对于灶神的祭祀也在南朝得以延续。

《荆楚岁时记》中记载的冬至会食用赤豆粥，是为了利用民俗中赤豆的驱邪法力来禳疫。但随后的腊祭中则没有食粥的相关说法。一般认为腊八粥的习俗是受到了佛教文化的影响，与释迦牟尼在苦行中生命垂危时，被牧女施舍的乳糜（一种类似牛奶饭的食物）所救，之后成道的传说有关。不少地区至今都有在腊月初八日食粥、施粥（多为八宝粥）的风俗。掺入杂粮、果脯的粥，营养比单纯的白粥稍稍丰富，作为一种可以丰俭由人、普遍置办的节庆食物，逐渐取代了原本腊祭中肉、酒作为祭品的地位。但是时至今日，每逢腊月，还是有不少人家会预备腊肠、腊肉、酒酿、泡菜、腊八蒜，炖上一锅热气腾腾的羊肉，这里面还是可以看到上古先民腊祭风俗的影子。

冻作一团的小寒

小寒之后,天气渐寒,因其尚未冷到极致故名。据《月令七十二候集解》的解释,是"月初寒尚小,故云,月半则大矣"。

虽然从字面上看,小寒还不是最冷的时候,其实在我国一部分地区,小寒就是最冷的时候。北宋的经学家刘敞,也就是前文提到的刘攽的哥哥,在一个小寒时节,冷得实在受不了,写了一首诗来吐槽,开头第一句就说"阴老疑龙战"(《同黄子温小寒》)。这话今天乍看有些难懂,意思却简单。"龙战"代指坤卦上六爻辞"龙战于野,其血玄黄"。坤卦纯是阴爻,意味着纯阴发展到了极点。刘敞那句诗就是说他认为这不是两根阳爻的小寒天气,天气冷到让人怀疑是阴气达到极致的极寒天气——这确实是经学家才会作出的形容了。

俗谚云"小寒大寒,冻作一团",寒冷的天气,才是小寒节气最大的特点。也正因此,御寒变得重要。古代的防寒手段还是非常有限。壁炉、火墙虽然设计巧妙,但难得一见。一般人还是只能靠火炉,还有汤婆子。黄庭坚说"千金买脚婆,夜夜睡天明"(《戏咏暖足瓶二首·其一》),可见,价格不菲。白居易可能是最会取暖的诗人,在家里搭了个北方民族的青毡帐,效果立竿见影,"砚温融冻墨,瓶暖变春泉"(《青毡帐二十韵》),还跟朋友刘禹锡写诗炫耀说"青毡帐暖喜微雪,红地炉深宜早寒"(《初冬即事呈梦得》),竟以微雪为可喜,以早寒为可宜,浑然忘了还有许多没有毡帐火炉的人了。到了阳春三月,要将这些御寒之物收起来,白居易还依依不舍地写了首《别毡帐火炉》,与它们话别。至于那些没有毡帐火炉,也买不起汤婆子的人,恐怕只能用接下来指日可待的春天来自我安慰："莫怪严凝切，春冬正月交。"（元稹《咏廿四气诗·小寒十二月节》）毕竟雁、鹊、雉那些鸟类都在为天气转暖做准备了，花信风也吹起来了。

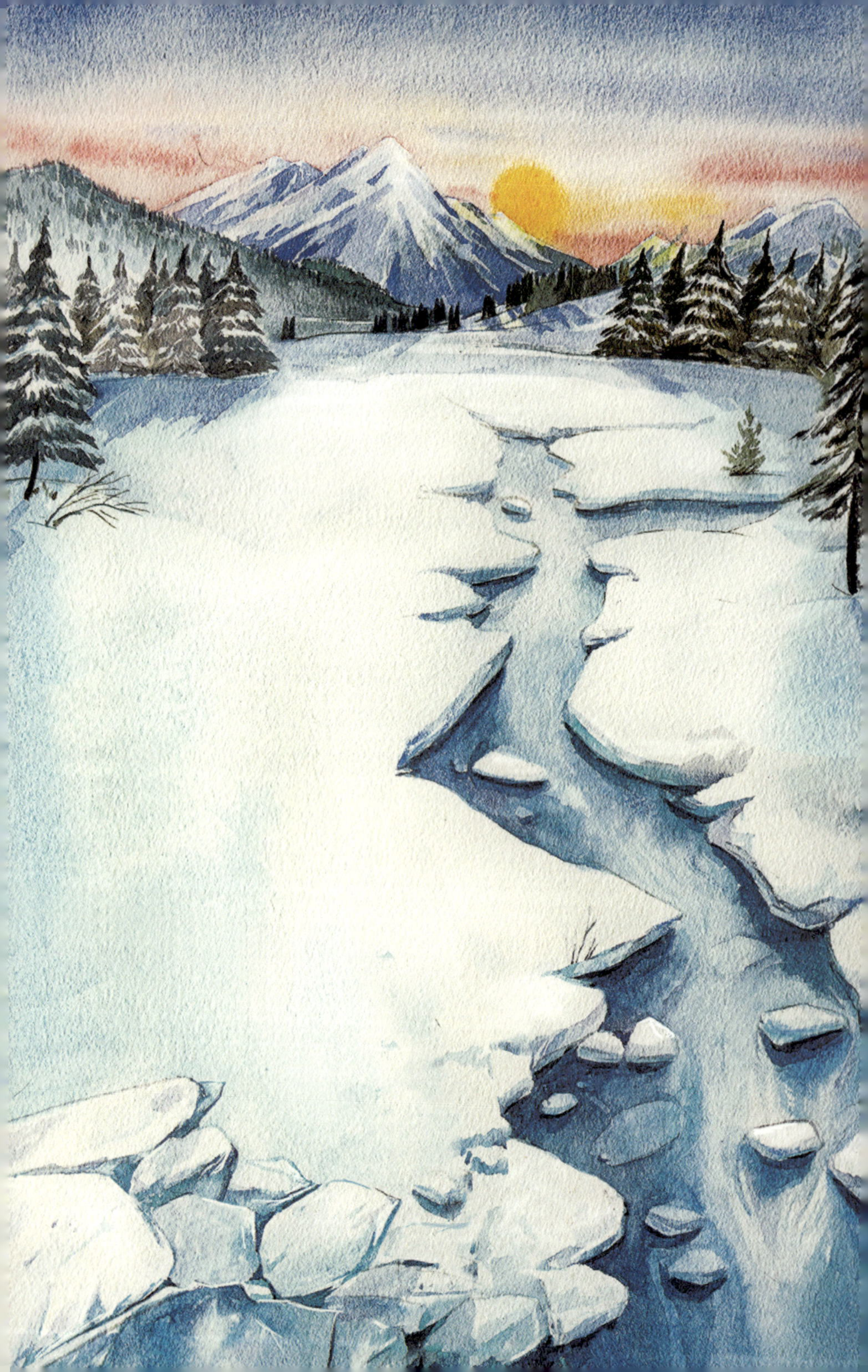

大寒

穿越蛰伏

文_江隐龙

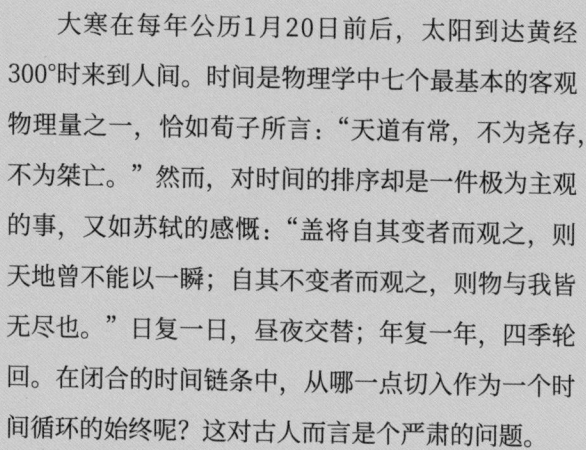

大寒在每年公历1月20日前后，太阳到达黄经300°时来到人间。时间是物理学中七个最基本的客观物理量之一，恰如荀子所言："天道有常，不为尧存，不为桀亡。"然而，对时间的排序却是一件极为主观的事，又如苏轼的感慨："盖将自其变者而观之，则天地曾不能以一瞬；自其不变者而观之，则物与我皆无尽也。"日复一日，昼夜交替；年复一年，四季轮回。在闭合的时间链条中，从哪一点切入作为一个时间循环的始终呢？这对古人而言是个严肃的问题。

《节气歌》唱道："春雨惊春清谷天，夏满芒夏暑相连。秋处露秋寒霜降，冬雪雪冬小大寒。"《节气歌》给出的答案是，四季始于立春，终于大寒，等到大寒结束，四季也就完成了一个周期的变换，要迎接新的一年了。

不过，这个顺序并非自古皆然。其实在汉武帝之前，历朝历代的正月不尽相同。直到公元前104年，汉武帝下令颁布施行《太初历》，重新以夏正月为岁首，这才将正月与农历一月紧紧捆绑到了一起。之后除武则天一度复用周历外，历朝历代的历法皆依夏正月，一直延续至今。

《太初历》首次将二十四节气编入历法，但并不妨碍后人逆推汉代之前的节气排序。《汉书·律历志》记载了十二个月和二十八宿的对应关系，其中也点明了节气，内容大致如下：商代以十二月为正月，节气以小寒、大寒开头；周代以十一月为正月，节气以大雪、冬至为始；秦代与汉初以十月为正月，开启一年岁月的是立冬与小雪。《节气歌》如果在这些时代成型，那一定是另外的版本了。

四季的排列顺序，会强烈影响一个民族对时间的感知。商周秦的历法有个共同点：从最冷的日子里出发，温度总是蒸蒸日上。而如今的二十四节气始于立春，人们需要依次经历春耕、夏耘和秋收，在四季的末尾进入大寒凛冽的蛰伏，并在其间构筑起来年的希望。

寒气之逆极

如果将一岁的时间当作表盘，那么二十四节气便是古人选定的刻度，将其简单编号为1到24，就如同1月到12月一样，并无不妥。不过，古人仍然不厌其烦地依每个刻度的特征一一为之命名，如"惊蛰""寒露""霜降"等，这对百姓从事农事活动有极强的指导意义。

大寒，是根据人自身的冷热感知而命名的节气，指天气寒冷到极点。《授时通考·天时》引《三礼义宗》解释道："大寒为中者，上形于小寒，故谓之大……寒气之逆极，故谓大寒。"古人认为，大寒是全年之中最冷的日子，甚于前一个节气小寒。

针对小寒与大寒，古人是有过严肃对比的。《月令七十二候集解》解释小寒云："月初寒尚小，故云，月半则大矣。小寒，冷气积久而为寒。小者，未至极也。"《孝经纬》记载："小寒后十五日，斗指丑，为大寒，至此凛冽极也。"可见小寒之后还要过半个月，才真正到了凛冽至极的天气。"大寒"二字，最简单，最直白，也最明确。

从古籍记载来看，将大寒作为二十四节气中的至寒点似乎没有异议。不过从气象学角度来看却有些不同：严冬以来，北方寒潮频繁南下，中原早已是一派天寒地冻的景象，直至小寒时开始触底反弹，到大寒时再趋向缓和，因此大寒反而应该比小寒暖和些。有较真的气象学者专门做了调查。自1951年以来，以全国平均气温来论，小寒更冷的年份占40%，大寒更冷的年份占28%，大小寒平均气温基本打成平手的年份占32%。以平均最低气温来论，小寒更冷的年份占40%，大寒更冷的年份占27%，两个节气气温相当的年份占33%。在气象学者眼中，小寒与大寒俨然如打播的选手,最终取胜的是小寒。如此看来,同降雪日数最多的节气并非小雪和大雪一样,小寒和大寒的命名也有些名不副实了。

所谓"冰冻三尺,非一日之寒",人间的寒意是一个逐渐积累的过程,早在初冬就已开始。先是"小雪封地",而后"大雪封河",接着"小寒冻土",最终"大寒冻河"。大寒之寒,是前面一整个冬天运转的最终结果,这里面有包括小寒在内各个冬令节气的"助攻"。"天寒地冻"四个字不是并列关系,而是一个递推过程,大寒让这四个字动态化了:天空逐渐寒冷,大地受到影响慢慢被冻结,以大寒收尾,符合自然运转的逻辑。

更能体现这一递推过程的是一句类似绕口令的民谚,小寒不寒大寒寒,大寒不寒倒春寒。寒气终究是躲不过的,小寒气温不降,大寒就会很冷;如果大寒气温还不降,那第二年春天就遭了殃,所谓的"倒春寒"就要来了。大地回春需要一个转折点,这个转折点可以在小寒,可以在大寒,但千万别延迟到春天。惧怕大寒的冷,以至于将其定义为"寒气之逆极";但更怕大寒不够冷,以免破坏了来年的万象更新。古人对大寒,心态真是矛盾重重。

瑞雪兆丰年

古人这种矛盾心态,还极为隐秘地埋藏在大寒的三候中。

大寒的初候是鸡始乳,意思是到了大寒节气,母鸡就可以孵小鸡了。七十二候多与鸟兽有关,家禽出场并不多,鸡出现在这里,大约是因为此时鸟兽藏迹,古人难以观测到。孵蛋需要一定的阳光,母鸡此时繁衍,说明大寒之后光照已经开始增加,因此鸡始乳代表了希望。

然而，希望之后是严酷的现实。大寒二候是征鸟厉疾，说的是鹰隼之类的征鸟在此时盘旋于空中到处寻觅猎物，它们需要更多食物来弥补被严寒消耗的能量。《月令七十二候集解》解释道，此时征鸟是"杀伐之鸟，乃鹰隼之属。至此而猛厉迅疾也"。在处暑时祭鸟的鹰，如今已没了仪式感，只有"杀气"，大自然的严酷可想而知。

再之后，是大寒三候水泽腹坚——这是大寒冻河的优雅说法。《月令七十二候集解》说："冰之初凝，水面而已，至此则彻，上下皆凝，故云腹坚，腹犹内也。"这几句话，细细品味颇有些意味深长。无论是不是"寒气之逆极"，大寒之寒都是根基最深厚的，这种深厚来源于寒气从"面"到"腹"、由表及里的积累。狂风大雪可以带来地上的一日之寒，但水泽里的坚冰非要经历一冬的酝酿方能成就。

无论如何，大寒以寒为"底色"的事实不会改变，寒冷封住了大自然，也让人的活动变得迟钝。所谓"春生夏长，秋收冬藏"，唐代诗人元稹曾有一组《咏廿四气诗》，其中《大寒十二月中》的前两联是这么写的："腊酒自盈樽，金炉兽炭温。大寒宜近火，无事莫开门。"北宋邵雍的《大寒吟》写道："旧雪未及消，新雪又拥户。阶前冻银床，檐头冰钟乳。清日无光辉，烈风正号怒。人口各有舌，言语不能吐。"一个"无事莫开门"，一个"言语不能吐"，冬藏的藏，是储藏，也是隐藏。

"腊酒自盈樽，金炉兽炭温"不是人人都能享受得到的清福，"阶前冻银床，檐头冰钟乳"也不是人人都懂得欣赏的风雅。不过，即使背负着种种不便，百姓对大寒之寒的期盼依然炽热强烈。

白居易《卖炭翁》里有言："心忧炭贱愿天寒。"相似的道理也体现在农人心中：大寒时期，人们最担忧的便是天气不够冷。百姓没有诗人那般华美的辞藻，但体现这种担忧的农谚却不胜枚举。大寒不寒，春分不暖。大寒无寒，清明泥潭。大寒不冻，冷到芒种。大寒不寒，人马不安。大寒暖几天，雨水冷几天。大寒地不冻，惊蛰地不开。大寒天气暖，冷到二月满。大寒不翻风，冷到五月中。大寒白雪定丰年，大寒无风伏干旱。……看看，一到关键时刻来临，农人便化身成了诗人，他们口中的四言、五言、七言，每一句都各有各的生动。

有"愿天寒"之心，当然也会"愿天雪"。这一层心思，农谚依然接得上："大寒三白定丰年。""大寒见三白，农人衣食足。""一腊见三白，田公笑赫赫。"……大寒下大雪预兆来年丰收，是自古以来农人们积累的经验。其中的道理并不艰深，清人顾禄《清嘉录·腊雪》解释道："腊月雪，谓之腊雪，亦曰瑞雪。杀蝗虫子，主来岁丰稔。"冬天的大雪能够杀死蝗虫，来年没了虫灾，收成自然也有了盼头。而且，大寒虽然至冷，但盖在麦苗上的大雪可以为麦苗保温，来年雪融时还能化为春水保证农田土壤的湿度。农人们对这时大雪的期盼可谓溢于言表，以至于有"腊月大雪半尺厚，麦子还嫌被不够"的夸张表达。

冰火两重天

当然，比对大雪的期盼更深的，是对过年的期盼。另一句农谚说道："小寒大寒，杀猪过年。"大寒时节农活寥寥，农人们等待着开春，手里也没闲下来，不过此时的忙更显乐呵：为过年做准备。

作为农历年最后的节气，大寒往往与春节时间重合。天气虽然至寒，但新年的氛围却愈加热烈，这是独属于中国人的"冰火两重天"。贴春联、赶年集、办年货，扫尘洁物、除旧布新、祭祀先人……当然不能忘记祭一下灶神。晋代周处《风土记》载："腊月二十四日夜，祀灶，谓灶神翌日上天，白一岁事，故先一日祀之。"民间相信灶神在腊月二十四上天庭向玉皇大帝奏报民情，百姓会用火将关东糖化开，涂在厨房灶王爷像的嘴上，这叫做"上天言好事，下界保平安"。

所谓"大寒迎年"，上天述职的神仙要吃，忙碌了一整年的百姓当然也要吃。有了春节"鸣锣开道"，当代的工作制度与假期安排也要退避三舍。大大小小的公司于是在此时纷纷召开尾迓祭，老板们喜欢在这天酬谢员工、表彰先进、抽奖分红。其实，尾迓祭不是今人所创，而是自古流传下来的习俗。

旧时的生意人信仰土地公、土地婆，每月的初二和十六都不忘祭拜，这叫"做迓"。"迓"是"迎接"之意，民间俗作"牙"。农历二月初二是全年第一次做迓，因此叫"头迓"，俗称"龙抬头"；农历十二月十六是一年中最后一次做迓，它被称为"尾迓"。做迓后，人们会把祭拜过土地神的肉类分送食用，这就是俗称的"打牙祭"。清代吴敬梓《儒林外史》第十八回中就写道："平常每日就是小菜饭，初二、十六，跟着店里吃牙祭肉。"可见这一习俗在清代颇为普遍，而且每月都保持着。

一年最后一次祭拜土地神，生意人的尾迓自然极为隆重，此时打的牙祭也有了更多含义。旧时有个传统：尾迓宴上一定会有一道白斩鸡，鸡头朝谁，就表示老板第二年要解雇谁。于是，老板便将鸡头朝向自己，以使员工们能放心地享用佳肴，回家后也能过个安稳年。

闽南、潮汕一带的尾迓祭风俗最为盛行。除了白斩鸡，传统的尾迓祭食物还有润饼和刈包。润饼以面粉为原料烘制成薄皮包馅食用，至于馅料则蔚为大观，豆芽、萝卜丝、笋丝、肉丝、香菜、豌豆、豆干、海苔、蒜头、鱼丸片、虾仁、肉丁、油煎蛋丝、牡蛎煎、花生末、炸粉丝、香菜、蒜丝无所不"包"。刈包里包的食物则是酱汁肉、咸菜、笋干、香菜、花生粉等，其卖相和肉夹馍颇有些类似。

广东人在大寒这一天流行吃糯米饭。传统中医相信，糯米性温味甘，有补虚补血、健脾暖胃作用，旧时穷人未必吃得起人参枸杞，便会在至寒的大寒煮上一碗糯米饭，滋补身体。如今日子富裕起来，煮糯米饭的风俗未变，只是更加丰富，饭里少不了要加上几款腊味，以及虾米、干鱿鱼、冬菇等。

南京人的大寒则少不了炖汤——只是让人颇感意外的是，嗜鸭如命的南京人喝的不是鸭汤，而是鸡汤。原来从冬至进入数九寒天开始，南京人就有着"一九一只鸡"的传统了。鸡以老母鸡为上品，或单炖，或添加参须、枸杞、黑木耳等合炖，每逢九天进补一只，来年就有好身体。除了炖汤，羹也颇为南京人所爱，相较于鸡汤，羹更加丰俭由人，便宜如榨菜、豆腐，贵些如肉糜、山药皆可入锅，再配些香菜佐料，不同的食材同样的滋补。

广东的糯米饭和南京的汤羹当然概括不了大江南北的大寒食俗，毕竟临近年关，在外闯荡的游子们纷纷返乡，除了带着一年的收获和期盼，也带着一年里积攒的好胃口。旧时的人们在此时杀年猪、灌香肠、腌腊肉，如今美食早已见怪不怪，剩下的酸甜苦辣便尽情地煎炒烹炸在家乡的锅里，只与相知的人分享。大寒吃什么并不重要，重要的是和谁在一起吃：能在大寒里相遇的人，总带着些共同的回忆，多数时候，这回忆还挺暖。

雪莱曾问道："冬天到了，春天还会远吗？"

不妨这般回答："大寒到了，春天才真的不远了。"